FRANK BALDEWEG

ARNDT LINDNER

Rechnergestützte Analyse von Störungen

BEITRÄGE ZUR FORSCHUNGSTECHNOLOGIE

Schriftenreihe für Experimentalmethodik, Systemanalyse und Instrumentierung in der naturwissenschaftlichen, medizinischen und technischen Forschung

Begründet von Günther Lotz †

Herausgegeben vom 1. Vizepräsidenten der Akademie der Wissenschaften der DDR Ulrich Hofmann

BAND 14

Frank Baldeweg
Arndt Lindner

Rechnergestützte Analyse von Störungen

Mit 59 Abbildungen
und 18 Tabellen

AKADEMIE-VERLAG BERLIN 1986

Anschrift der Autoren:

Professor Dr. sc. nat. Frank Baldeweg
Dipl.-Math. Arndt Lindner
Akademie der Wissenschaften der DDR
Zentralinstitut für Kernforschung
8051 Dresden, Postfach 19

Manuskriptabschluß: Mai 1985

ISBN 3-05-500044-7

ISSN 0323-5130

Erschienen im Akademie-Verlag Berlin, DDR-1086 Berlin, Leipziger Str. 3—4

Lizenznummer: 202 · 100/426/86
Printed in the German Democratic Republic
Gesamtherstellung: VEB Druckerei „Thomas Müntzer", 5820 Bad Langensalza
Einbandgestaltung: Karl Salzbrunn
LSV 1085
Bestellnummer: 763 598 6 (2167/14)

02200

Vorwort

Störungen zu analysieren, um mögliche Schäden abwenden zu können, das entspricht dem generellen Anliegen einer wirtschaftlichen und sicheren Führung technologischer Prozesse. Das leisten moderne, mit mikroelektronischen bzw. rechentechnischen Mitteln arbeitende und zweckbestimmt strukturierte Anlagen zur Störungsanalyse.

Je komplexer ein technologischer Prozeß ist, um so höher sind die Anforderungen an ein System zur Störungsanalyse, d. h. um so leistungsfähiger muß die informationelle[1] Technik sein. Daher ist auch das prozeßspezifische Wissen entsprechend umfangreich, das für eine solche Analyse bereitgehalten werden muß. Eine rechnergestützte Störungsanalyse mit dem Ziel der Abwendung von Schäden in technologischen Anlagen (Diagnose und Therapiesteuerung) ist *ein* Anliegen der Prozeßsicherung. Sie ist als ein Teilgebiet der Technischen Diagnostik aufzufassen.

Die Forschung hierzu wird gegenwärtig intensiv betrieben sowohl bedingt durch wachsende Anforderungen an die Sicherheit und Wirtschaftlichkeit der Prozeßführung als auch provoziert durch bemerkenswerte Steigerungen der Leistungsfähigkeit der Digitalelektronik. Der zunehmende Erkenntnisgewinn auf dem Gebiet der Künstlichen Intelligenz (auch: Maschinelle Intelligenz, Intellektik) legt es überdies nahe, deren Methoden und Verfahren zu integrieren und dadurch die Leistungsfähigkeit des analysierenden Systems zu erhöhen. Diese Absicht führt zu sogenannten Expertensystemen, wie sie derzeit bereits zur Diagnose und Therapiesteuerung, vor allem in der Medizin, verfügbar sind. Gegenwärtig werden Ansätze dieser Art auch in der Technischen Diagnostik sichtbar (Kernkraftwerke, Raumfahrt, Luftfahrt, Schaltkreiserstellung).

Diese Arbeit befaßt sich mit der Analyse von Störungen in komplexen technologischen Anlagen, insbesondere mit jenen in sogenannten Hochrisikosystemen, z. B. in Kernkraftwerken, Verkehrssystemen u. ä. In der Darstellung wird der strukturelle Aspekt einer solchen Analyse betont. Spezifische Prozesse einer auf den Einsatzfall zugeschnittenen Diagnose werden berührt.

Die Publikation ist als ein Resümee des gegenwärtig bekannten Entwicklungsstandes aufzufassen. Es werden Inhalt und Aufgabe des Arbeitsgegenstandes, Ansätze einer theoretischen Beschreibung dargestellt und wesentliche technische Hilfsmittel beschrieben.

Die Betonung liegt auf dem Versuch einer theoretischen Formulierung von Diagnose und Therapiesteuerung, der Modellierung technischer bzw. technolo-

1 Zu „informationell": Hier wird, wie allgemein üblich, zwischen den Kategorien Information, Stoff und Energie, deren Erzeugung, Wandlung, Übertragung usw. unterschieden.

gischer Prozesse, den Prinzipien, Methoden und technischen Lösungen der Mensch-Maschine-Kommunikation und der Einbeziehung von Methoden und Verfahren der Künstlichen Intelligenz.

Es werden übergreifende Zusammenhänge hervorgehoben; technische Details eingeschränkt behandelt. Dadurch soll ein Ansatz für eine möglicherweise durchgehende theoretische Beschreibung sichtbar und ferner verständlich gemacht werden, daß die Methode im dargelegten Rahmen allgemeingültig ist.

Die Applikationen betreffen das weite Gebiet der Kernkraftwerke. Zu anderen Anwendungsgebieten ist zur Zeit vergleichsweise wenig Literatur verfügbar. Es gibt jedoch Hinweise [97, 98, 99], daß Erweiterungen auf andere Anwendungsbereiche erfolgen, wie Nachrichtentechnik, Rechnernetze, Transportsysteme (vgl. Kapitel 1).

Die Autoren danken Herrn Dipl.-Ing. Uwe Fiedler für seine Mitarbeit, insbesondere die Aspekte der Künstlichen Intelligenz betreffend, den Herren Prof. Dr. habil. D. Schulze und Dr. sc. D. Döring für die kritische Durchsicht des Manuskriptes, für ausgiebige Diskussionen und zahlreiche Anregungen zur Modifizierung von Inhalt und Art der Darstellung.

Frank Baldeweg
Arndt Lindner

Inhalt

Contents

Содержание

1. Einführung

1.1. Anliegen, Voraussetzungen und Ziele

Reale Prozesse, z. B. solche in Produktionsanlagen, Verkehrs- und Transportsystemen, laufen nicht störungsfrei ab. Immer wieder kommt es zu Abweichungen vom Normalverhalten, die je nach Schwere ihrer Auswirkungen als Schäden, Ausfälle, Unglücksfälle oder Katastrophen bezeichnet werden [1]. Ereignisse solcher Art sind in hohem Maße unerwünscht, da sie in der Regel mit materiellen Verlusten, mit der Gefährdung des Lebens oder der Gesundheit von Menschen verbunden sind, in extremen Fällen politische und militärische Konsequenzen haben können.

Die Ursachen für Störungen des Normalverhaltens sind vielfältig. Sie können subjektiver oder objektiver Art sein. Zu den subjektiv verursachten Störungen gehören solche im Entwurf, in der Projektierung, Konstruktion oder Montage, Bedienfehler, Verstöße gegen Vorschriften, Anweisungen u. ä. Objektiv begründet sind Einwirkungen von außen, z. B. meteorologische Faktoren, aber auch Materialfehler oder Geräteausfälle.[1]

Das Ziel, eine technische oder technologische Anlage sicher und wirtschaftlich zu betreiben, ist demzufolge an einen Komplex von Verfahren und Systemen geknüpft, die von einem Sicherheitskonzept getragen werden, das die unterschiedlichsten Bereiche der Errichtung, der Betriebsführung und der Instandhaltung von Anlagen beeinflußt. Systeme der Prozeßsicherung sind dafür unabdingbar. Sie sind Teile eines für die jeweilige Anlage gestalteten Sicherheitssystems. Ihre Aufgabe besteht darin, möglichst keine Störungen aufkommen zu lassen bzw. die Auswirkungen von Störungen gering zu halten.

Die Prozeßsicherung kann als ein Arbeitsgegenstand der Automatisierungstechnik aufgefaßt werden. Sie integriert die charakteristischen kybernetischen Grundoperationen Erfassung, Übertragung, Verarbeitung, Speicherung und Nutzung von Informationen, die von einem im allgemeinen mehrschichtigen, hierarchisch strukturierten Informationellen System getragen werden. Ein solches System der Prozeßsicherung enthält – je nach den jeweiligen Anforderungen an die Sicherheit – einfache, in konventioneller Automatisierungstechnik ausgeführte Schutz- und Verriegelungssysteme, aber auch solche an leistungsfähige Digitalelektronik geknüpfte Systeme der Betriebsführung, wie eben die Störungsanalyse.

Die Störungsanalyse integriert die informationellen Teilprozesse:

1. Erfassen, Verarbeiten und Bewerten von Informationen aus dem gestörten System,

1 Für Prozesse, die das Risiko solcher Auswirkungen in sich bergen, hat sich der Begriff des Hochrisikoprozesses eingeführt [2].

2. Lokalisierung und Analyse der Störungen, Ergründen der Ursachen und möglichen Folgen,
3. Ermitteln und Auslösen von Maßnahmen zur Abwendung von Schäden bzw. Gefahren.

Die Störungsanalyse entspricht damit weitestgehend jenen Verfahren, die unter den Begriffen Diagnose und Therapiesteuerung komplexer Systeme zusammengefaßt werden können.

Systeme der Prozeßsicherung, die auf der Basis konventioneller Automatisierungstechnik arbeiten, sind durch verhältnismäßig einfache Strukturen und eine *geringe Entscheidungsfähigkeit*[1] gekennzeichnet. In einem Mehrebenenmodell, das die hier ablaufenden informationellen Prozesse beschreibt, würden sie die untere, dem Basisprozeß nahe Ebene belegen (Abb. 1).

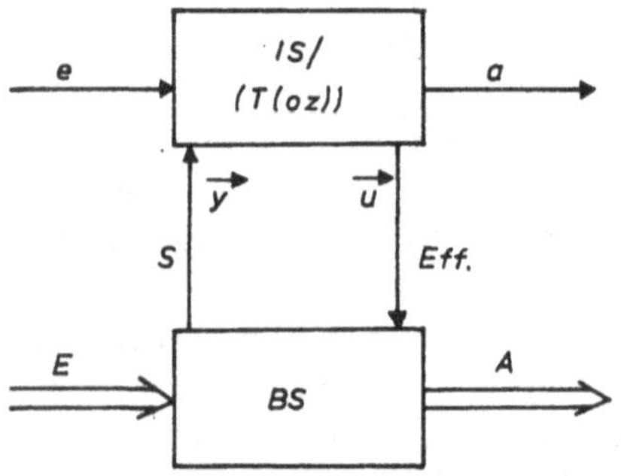

Abb. 1. Basisrelation
IS – Informationelles System, oz – Operationsziel, e, a – informationelle Eingangs- bzw. Ausgangsgrößen, S – Sensoren, Eff – Effektoren, y – Vektor der Meßgrößen, u – Vektor der Steuerungsgrößen, BS – Basissystem, E, A – stoffliche bzw. energetische Eingangs- bzw. Ausgangsgrößen

Anspruchsvolle, komplizierte Systeme der Prozeßsicherung, d. h. solche mit *hoher Entscheidungsfähigkeit,* wie die Störungsanalyse, sind als in höhere Ebenen eingelagert zu betrachten. Sie werden, dem gegenwärtigen Stand der Technik gemäß, überwiegend vom Menschen ausgeführt. Die Beziehung zwischen dem Menschen und der Anlage, die das Mensch-Maschine-System prägt, hat für jeden technischen Anwendungsfall spezifische Merkmale.

Für ältere Lösungen einer Mensch-Maschine-Beziehung, so wie sie in der Warte gegenwärtig betriebener Kernkraftwerke verwirklicht sind, ist die weitest-

1 *Entscheidungsfähigkeit* wird durch das Verhältnis jener Menge an Entscheidungen, die im Hinblick auf ein Steuerungsziel vom Informationellen System bereitgestellt werden kann, zu derjenigen Menge, die für das Erreichen dieses Ziels erforderlich ist, bestimmt; dabei wird angenommen, daß sich eine komplexe Entscheidung in eine Struktur von Elementarentscheidungen zerlegen läßt.

gehend ungewichtete, parallele Darstellung von Prozeßinformationen charakteristisch. Die Auswertung des Unfalls im Kernkraftwerk Harrisburg, USA [3] zeigt, daß dieses Prinzip in extremen Situationen zu einem verwirrenden Überangebot an Informationen führen kann. In dem Maße, wie sich die moderne digitale Automatisierungstechnik (Mikrorechner, Prozeßrechner), gekoppelt mit leistungsfähiger Kommunikationstechnik (Farbbildschirmen, problemspezifischen Dialogsystemen) entwickelt, vollzieht sich in der Prozeßüberwachung und -sicherung ein ständiger Fortschritt. Deren technische Systeme integrieren zunehmend komplizierte informationelle Prozesse, z. B. die Diagnose und die Therapiesteuerung. Diese Entwicklung hat allerdings erst begonnen. Sie wird von verschiedenen wissenschaftlichen Disziplinen, wie der Prozeßautomatisierung, der Informatik und speziell der Künstlichen Intelligenz, erheblich beeinflußt.

Für die Mensch-Maschine-Systeme bahnt sich hier eine Entwicklung an, die auf besondere Leistungsmerkmale des Menschen und seine unvergleichliche Assoziationsfähigkeit Bezug nimmt. Daher werden den Menschen zunehmend intelligente Problemlösungsvorgänge vorbehalten sein, wie sie z. B. für Diagnose- und Therapieprozesse charakteristisch sind. Der diagnostizierende Mensch wird von einem technischen Informationellen System unterstützt, das so gestaltet ist, daß die Häufigkeit von Fehlentscheidungen möglichst gering ist.

Die ersten Störungsanalysesysteme sind Anfang der sechziger Jahre, speziell für Kernkraftwerke, entwickelt worden [4]. Diese Systeme setzten sich aus mehreren Gründen zunächst nicht durch, im wesentlichen aber doch, weil die in konventioneller Automatisierungstechnik eingelagerten Prozeßsysteme zu teuer waren.

Gegenwärtig wird international für den Einsatz von Systemen der Störungsanalyse eine bemerkenswerte Entwicklung beobachtet; dies aus folgenden Gründen:

1. Die Anforderungen an die Sicherheit der technologischen Prozesse sind erheblich gewachsen.
2. Es sind inzwischen leistungsfähige und verhältnismäßig billige Informationelle Systeme auf der Basis der Mikroelektronik verfügbar bzw. in der Entwicklung.
3. Das Wissen über die informationellen Prozesse der Erkennung und Abwendung von Schäden hat sich außerordentlich erweitert.
4. Die zugeordneten und tangierenden wissenschaftlichen Disziplinen, insbesondere die Informatik und die Künstliche Intelligenz, haben einen entsprechenden Stand erreicht.

Das Arbeitsgebiet der Störungsanalyse umfaßt daher Forschungen und Entwicklungen mit den folgenden Zielsetzungen:

1. Funktionelle Lösungen zur automatischen und dialogorientierten Diagnose; Verfahren und Systeme der Gewinnung und Darstellung technischen Wissens (Modelle, Operationsvorschriften).

2. Gerätetechnische und programmtechnische Lösungen auf leistungsfähigen Mikrorechnersystemen und hochintegrierten Schaltkreisen basierend.
3. Gestaltung leistungsfähiger Mensch-Maschine-Schnittstellen; dies schließt die Lösung technischer, funktioneller und ergonomischer Aufgaben ein.

Die Vielschichtigkeit und Vielfalt der bei der Entwicklung von Störungsanalysesystemen zu lösenden Probleme erfordern internationale Zusammenarbeit. Sie ist auch eine Voraussetzung für praxiswirksame Lösungen. Inzwischen existieren in den Kernenergie produzierenden Ländern Störungsanalysesysteme mit mehr oder weniger hohem Grad an Praxiswirksamkeit, wie u. a.[1]:

STAR-Konzept	BRD	GRS Garching	[5]
DASS	USA	EPRI	[6]
CAAS	UK	CEGB London	[4]
PANDA	Ungarn	KFKI Budapest	[7]
COSS	Japan	staatl. geführt	[8]
SAAP	DDR	ZfK Rossendorf	[1]

Die insbesondere dem System SAAP zugrunde liegende theoretische Konzeption berechtigt zu der Feststellung, daß die Methode der Störungsanalyse verallgemeinerungsfähig sein sollte. Sie ist in beliebigen, komplizierten technologischen Systemen (Chemieanlage, Kraftwerk, Produktions- und Fertigungsanlage) anwendbar, aber auch zur Eigenüberwachung digitaler Automatisierungssysteme sowie von hochintegrierten Schaltkreisen geeignet. Zur Analyse und Bewertung gestörter Prozesse in biologischen und gesellschaftlichen Systemen sollte sie ebenfalls nutzbar sein, sofern die Voraussetzungen, hinreichendes kontextabhängiges Wissen sowie leistungsfähige Mittel der Informationsverarbeitung, erfüllt sind.

1.2. Begriffsbestimmung

Die fachliche und begriffliche Vielfalt auf dem Gebiet der Prozeßsicherung erfordert spezielle Definitionen und Erläuterungen, wie sie nachstehend gegeben werden:

1. Störungsanalyse (SA)
Es handelt sich um ein Verfahren zur *Prozeßsicherung* in technischen oder technologischen Anlagen. Die Störungsanalyse umfaßt folgende informationellen Teilprozesse:

a) Erkennen einer Störung (Detektion),
b) Analysieren, Bewerten und Lokalisieren einer Störung,
Ermitteln von Ursachen und mögliche Konsequenzen (Diagnose),
c) Ermitteln und Auslösen von Maßnahmen zur Überführung der Anlage aus dem gestörten Zustand z_A in einen Normalzustand z_N (Therapiesteuerung).

1 vgl. Abkürzungsverzeichnis

Die Störungsanalyse entspricht also einem Verfahren der Diagnose und Therapiesteuerung; sie gehört damit in das Gebiet der Technischen Diagnostik. Die informationellen Prozesse werden durch ein leistungsfähiges Informationelles System getragen, das einen Teil der Aufgaben automatisch zu lösen vermag; komplizierte Entscheidungen werden im Dialog (interaktiv) mit dem Anlagenfahrer oder Diagnosespezialisten getroffen. Störungsanalysesysteme integrieren demzufolge leistungsfähige Mensch-Maschine-Schnittstellen. Störungsanalyse ist ein modell- bzw. wissensbezogenes Verfahren, d. h., die Prozesse der Diagnose und Therapiesteuerung werden auf der Grundlage eines Modells oder unter Nutzung entsprechenden technischen bzw. technologischen Wissens (know how) realisiert. Sie integriert Problemlösungsvorgänge, die im allgemeinen an komplizierte Aufgaben der Abbildung, der Bewertung und der Entscheidung geknüpft sind. Solche Aufgaben werden mit Methoden der Künstlichen Intelligenz bearbeitet. Anforderungen dieser Art haben zur Entwicklung sogenannter Expertensysteme geführt. Der Zugang zu einer theoretischen Interpretation erfolgt über die Einordnung der Störungsanalyse in die Technische Kybernetik. Demgemäß entspricht sie einer speziellen Transformation T(oz), die einem Operationsziel oz folgt und ein gestörtes System, das sogenannte Basissystem, aus einem gestörten, anomalen Zustand in einen Normalzustand überführt. Das Operationsziel oz wird durch die Notwendigkeiten der Funktionsfähigkeit, Wirtschaftlichkeit und Sicherheit geprägt.

2. Prozeßsicherung (PS)
Es handelt sich um eine vielschichtige, komplexe Struktur[1] über einer Menge informationeller Operationen, die der Sicherung des gewünschten Prozeßverlaufs dient. Die Prozeßsicherung integriert im allgemeinen die Prozeßüberwachung und konstituiert daher ein Mensch-Maschine-System.

3. Prozeßüberwachung (PÜ)
Darunter ist ein komplexer Teilprozeß der Prozeßsicherung zu verstehen, der durch eine *Mensch-Maschine-Schnittstelle* charakterisiert ist. Die Prozeßüberwachung schließt die *einfache* und die *intelligente* Prozeßüberwachung ein, und sie integriert manuell ausgeführte Therapiesteuerungen, d. h. Bedienhandlungen zur Abwendung von Schäden.

4. Einfache Überwachung
Dies ist ein informationeller Teilprozeß der Prozeßüberwachung, der auf einer einfachen Abbildung des Zustandes des technologischen bzw. technischen Prozesses beruht, z. B. Anzeige, Signalisierung, Alarmierung durch Grenzwertüberschreitung.

5. Intelligente Überwachung
Darunter wird ebenfalls ein informationeller Teilprozeß verstanden, der auf

1 Unter Struktur wird hier im Sinne der Systemalgebra (s. Abschnitt 2.2.3.) durchweg die Zusammenfassung von Trägermenge und Relationen zwischen den Elementen dieser Menge verstanden.

einer Abbildung des Zustandes der technologischen bzw. technischen Anlage beruht, die das Ergebnis komplizierter Informationsverarbeitung ist (Verwendung von Modellen, Operationsvorschriften, Wissen). Ein Teilprozeß der intelligenten Überwachung ist die Diagnose.

6. Diagnose

Wiederum ist ein informationeller Teilprozeß der Prozeßüberwachung gegeben, insbesondere der intelligenten Überwachung, der einen Komplex informationeller Operationen einschließt, nämlich:

a) Erfassen, Verarbeiten, Bewerten von Signalen bzw. Informationen aus dem Basisprozeß; Nachweis von Störungen (Störungsdetektion),
b) Erfassen, Bewerten von Störungen; Klassifikation von Symptomen, Ermittlung von Ursachen und möglichen Folgeeffekten,
c) Ermitteln möglicher Therapiemaßnahmen.

Bewerten ist eine informationelle Operation, die eine Menge informationeller Größen (Operanden-, Operatorzustände) auf eine Bewertungsmenge abbildet. Die Bewertungsmenge kann metrischer oder nichtmetrischer (nominaler, klassifizierender, ordnender) Art sein. Diese Relation enthält im allgemeinen das Wissen über den Bewertungsinhalt (Grenzwerte, Muster, Modelle, Vorschriften). Die Bewertung ist ein Entscheidungsvorgang. Er umfaßt die Skala informationeller Prozesse vom einfachen Soll-Ist-Wertevergleich bis hin zum Erkennungs- und Problemlösungsprozeß.

7. Erkennen

Dies bedeutet den Aufbau eines Abbildes der zugeordneten Außenwelt[1] im Informationellen System (IS) zur weiteren Verarbeitung, z. B. zur Diagnose oder Therapiesteuerung.

8. Problemlösen

Es besteht in der Überführung eines beliebig gegebenen Anfangszustandes durch eine Struktur[2] alternativer Elementarhandlungen in einen gewünschten Zielzustand. Diagnoseprozesse sind meist mehrschichtig, sie beruhen auf einer modell- bzw. wissensbezogenen Abbildung.

9. Echtzeitdiagnose

Diese umfaßt eine spezielle Klasse von Diagnosevorgängen, die innerhalb der für den jeweiligen technologischen Prozeß charakteristischen Manipulationszeit TM auszuführen sind, so daß Maßnahmen zur Abwendung von Schäden noch wirksam werden können.

10. Therapiesteuerung

Dies ist ein weiterer informationeller Teilprozeß der Prozeßsicherung, der auf

1 Außenwelt – In der Kybernetik eingeführter Begriff für das jeweilige Steuerungsobjekt, also gesteuertes, überwachtes, gesichertes System.

2 s. Fußnote S. 5 sowie Abschnitt 2.2.3.

die Zurückführung des gestörten Zustandes einer Anlage in einen ungestörten bzw. normalen Zustand orientiert. Er schließt automatisch sowie manuell auszuführende Maßnahmen ein. Die Therapiesteuerung ist in der Regel an die Prozeßüberwachung geknüpft. Sie ist entweder mit der Überwachung automatisch ablaufender Prozesse der Diagnose und Therapiesteuerung verbunden oder als Realisierung von Maßnahmen zu verstehen, die in einer Diagnosephase vorbereitet und vorgeschlagen werden.

11. Informationelles System (IS)
Derart wird die Struktur informationeller Operationen, den Trägern informationeller Prozesse der Prozeßüberwachung und Prozeßsicherung, bezeichnet. Informationelle Eingangsoperanden werden damit in Ausgangsoperanden zur Sicherung des Basisprogramms überführt. Das IS ist die Einheit von Hardware, Software, Mensch-Maschine-Schnittstelle sowie Sensoren und Effektoren. Beispiele dafür sind: Prozeßrechner, Digitales Automatisierungssystem, Meß-, Erkennungs- und Steuersystem.

Das IS ist mit einem Basissystem gekoppelt, die Kopplung vermitteln Sensoren und Effektoren sowie die Mensch-Maschine-Schnittstelle.

12. Basissystem (BS)
Darunter ist eine Struktur stofflicher bzw. energetischer Operatoren oder beider zu verstehen. Es ist der Träger der stofflichen bzw. energetischen Prozesse, die im allgemeinen der Überwachung und Sicherung unterliegen. Dabei werden stoffliche bzw. energetische Eingangsoperanden in stoffliche bzw. energetische Ausgangsoperanden überführt.

13. Mensch-Maschine-System
Auch dies ist eine informationelle Struktur (Abb. 2), die den Menschen sowie technische bzw. technologische Anlagen umfaßt. Die Schnittstelle wird als Mensch-Maschine-Schnittstelle (Interface) bezeichnet.

Mensch-Maschine-Systeme sind Bestandteile von PÜ/PS-Systemen. Sie werden nach funktionellen, technischen und ergonomischen Gesichtspunkten gestaltet, Beispiele sind Leitstände in Kraftwerken, Chemieanlagen oder Fertigungssystemen, Kontroll- und Bedieneinrichtungen in vom Menschen gesteuerten Fahrzeugen.

Der Entwurf von Mensch-Maschine-Systemen zur Prozeßsicherung ist Gegenstand intensiver Forschungen. Diese schließen die Analyse und Bewertung des menschlichen Verhaltens, dessen Simulation, die Untersuchung der Kommunikation zwischen Mensch und technischer Anlage, der Fehlerhaftigkeit und Zuverlässigkeit, insbesondere unter extremen Belastungen, ein. Das Ergebnis dieser Forschungen ist ein Komplex von Modellen zur Detektion von Störereignissen, zur Diagnose und zur Ausführung von Therapiemaßnahmen.

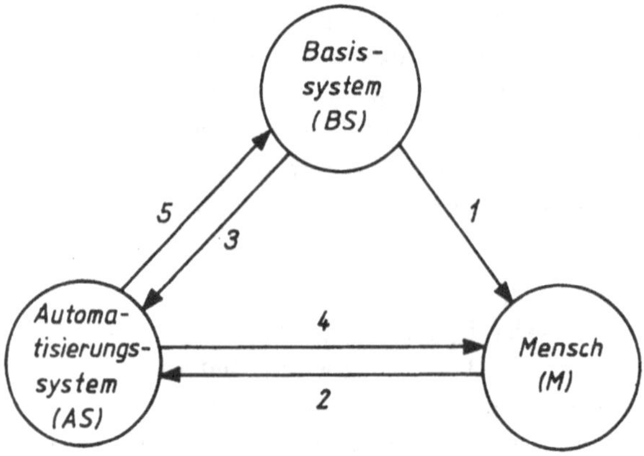

Abb. 2. Mensch-Maschine-Relation
1 – Wissen über BS
2 – Wissen über Automatisierungssystem (AS)/Dialog u. ä.
3 – Wechselbeziehung BS mit AS
4 – Abbildung des realen Prozesses
5 – Wechselbeziehung AS mit BS

1.3. Klassifikation

Der Begriff der Diagnose wird in der Technik in verschiedenen Anwendungsbereichen, im Zusammenhang mit unterschiedlichsten Verfahren und Methoden, verwendet. Eine entsprechende Klassifikation erscheint deshalb sinnvoll.

1.3.1. Anwendungsbereich

Die praktische Lösung von Problemen der PÜ/PS erfordert die Diagnose sowohl des Basissystems als auch des Informationellen Systems und seiner Teilsysteme, d. h. die Diagnose der Sensoren, Effektoren, der Mensch-Maschine-Systeme, einschließlich des Verhaltens des Menschen sowie die Überwachung des Zustandes der technologischen Anlage und deren Produkten (Stoff, Energie).

Die in Abbildung 3 gegebene Klassifikation von Diagnoseverfahren folgt praktischen Gesichtspunkten. Sie geht von der Betrachtung realer Objekte unter einem informationellen und einem stofflichen bzw. energetischen Aspekt aus. Sie stützt sich auf eine Differenzierung in einfache und komplizierte Strukturen.

Die Diagnose des Verhaltens des Menschen in Mensch-Maschine-Systemen soll in diesem Zusammenhang nicht hervorgehoben werden. Desweiteren wird auf eine Aufzählung von speziellen Verfahren verzichtet, die physikalische Prinzipien und Effekte nutzen (z. B. Ultraschalltechnik, Wirbelstromtechnik, Röntgenstrahlung usw.).

Diagnose realer Objekte

informationelle Prozesse bzw. Systeme (Selbstdiagnose) | stoffliche bzw. energetische Prozesse bzw. Systeme

Gerätetechnik	**Programmtechnik**	**Material**	**technologische Anlage**
Bauelemente	Programme	Werkstoffe	Aggregate
Geräte (Prozessoren, Speicher, Bus u. a.)	Programmsystem	Werkstücke	Teilanlagen
Gerätesystem	Datenbasis	Halbzeuge	Anlagensystem (z. B. Produktionsanlagen)
Mensch-Maschine-Interface	Datenbank	Endprodukte	
Sensoren	Wissensbasis		
Effektoren			

Abb. 3. Klassifikation der Technischen Diagnostik

1.3.2. Diagnoseverfahren

Die Diagnoseverfahren lassen sich nach folgenden Merkmalen ordnen:

1. *Passive Verfahren:* Es werden Signale bzw. Informationen aus dem Basisprozeß aufgenommen und analysiert.
2. *Aktive Verfahren:* Der Basisprozeß wird durch Testsignale gestört und seine Reaktion analysiert.
3. *Deterministische Verfahren:* Die Signale bzw. Informationen aus dem Prozeß werden bezüglich ihres deterministischen Anteils analysiert. Das geschieht mittels Modellen, die deterministische Zusammenhänge repräsentieren.
4. *Stochastische Verfahren:* Die Signale bzw. Informationen aus dem Prozeß werden bezüglich ihres stochastischen Anteils analysiert, dies unter Verwendung von Modellen, die stochastische Zusammenhänge darstellen.
5. *Direkte Verfahren:* Die Analyse der Störereignisse erfolgt ohne Modell oder Kennfunktion (z. B. bei der Störablaufanalyse).
6. *Indirekte Verfahren:* In die Analyse der Störereignisse werden Modelle bzw. Kennfunktionen oder Vorschriften einbezogen (z. B. zur Störungsanalyse).
7. *Post-mortem-Verfahren:* Die Analyse des gestörten Zustandes erfolgt per definitionem *nach* Abschalten der Anlage
8. *Echtzeitverfahren* bzw. *Prädikationsverfahren:* Mit dem Prozeßgeschehen schritthaltende oder vorbeugende (vorhersagende) Analyse.

1.4. Ausgewählte Beispiele

Einen Eindruck von den für Hochrisikoprozesse charakteristischen Zielstellungen, Aufgaben und Problemen der PÜ/PS vermitteln die folgenden Beispiele.

1.4.1. Echtzeitdiagnosesystem eines Kernkraftwerkes

Wesentliches Merkmal dieses Systems ist die *wissensbezogene* oder *modellbezogene* Analyse des Störereignisses.

Zielstellung: Erhöhung der Verfügbarkeit und Sicherheit der kerntechnischen Anlage durch schonende Fahrweise.

Aufgaben: Unterstützung des Anlagenfahrers durch Erfassen und Bewerten von Störungen; Ermitteln von Ursachen, Vorschlagen von Maßnahmen, um Schäden abzuwenden.

Merkmale:

1. Das System ist Teilsystem des Sicherheitssystems, insbesondere des Sicherheitssystems 2. Ordnung (Abb. 4).
2. Es handelt sich um ein wissensbezogenes Diagnosesystem, d. h., daß die Analyse der Störungen auf der Grundlage eines Modellsystems erfolgt.
3. Die Diagnose ist dialogorientiert, d. h., daß die Entscheidungsfindung an den Dialog des Anlagenfahrers mit der Anlage geknüpft ist.

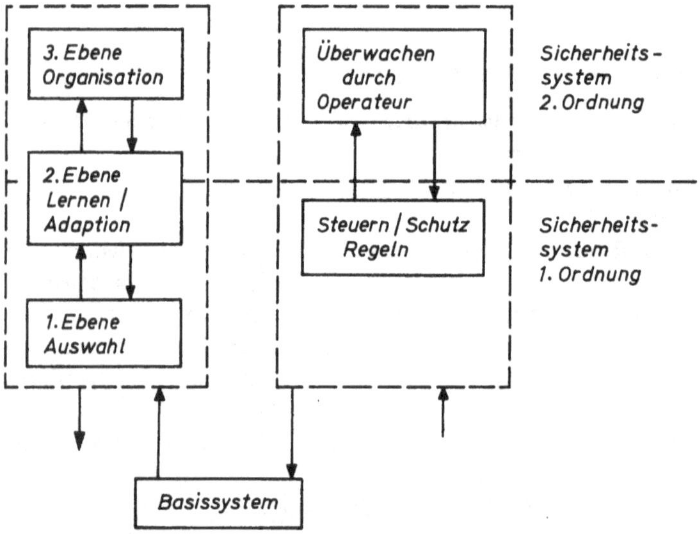

Abb. 4. Mehrebenenmodell der Entscheidungsstruktur in einem Mensch-Maschine-System

Funktionelle und gerätetechnische Lösung: (Prinzip siehe Abb. 5)
Dem Sicherheitssystem 1. Ordnung, das Reaktorschutz, Steuerung und Verriegelung, Regelsysteme u. a. umfaßt, ist das Sicherheitssystem 2. Ordnung überlagert. Dieses wirkt im gegebenen Fall überwachend und vorhersagend, und die Prozeßführung kann damit beeinflußt werden. Die Abbildung des Anlagenzustandes ist mehrschichtig. Dies geschieht mit Hilfe einer Menge einfa-

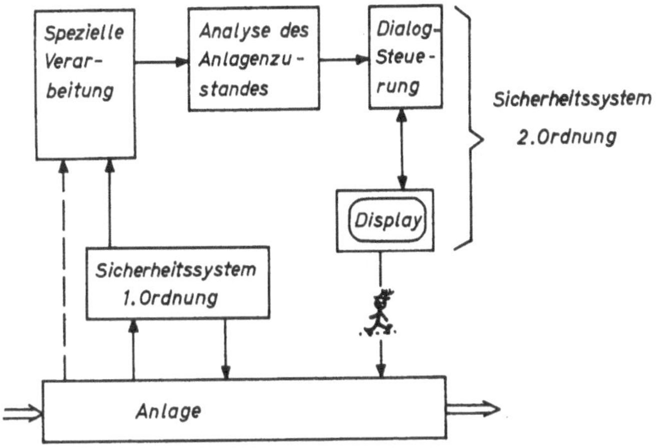

Abb. 5. Schema eines Überwachungssystems (Echtzeitdiagnosesystem) in einem Kernkraftwerk

cher Operationen zur Verarbeitung analoger und binärer Signale und unter Verwendung von Signal- und Prozeßmodellen (spezielle Vorverarbeitung). Der aktuelle Anlagenzustand wird schließlich unter Zuhilfenahme des Anlagenmodells bezüglich Ursachen, Folgeeffekten und möglichen Therapiemaßnahmen analysiert; Ausgabe und Dialog sind displayorientiert.

Erläuterungen: Das Diagnosesystem basiert auf einem Modell, das durch einen Graphen notiert werden kann: G = [E, K], E = Menge der Störungen, K = Menge der technologischen Verbindungen.

Für ein spezielles Teilsystem des Kernkraftwerkes ist der zugehörige Ereignisgraph in Abbildung 6 dargestellt.

Der Zusammenhang zwischen der Störung, deren Ursachen und dem möglichen Wirkungen für den Teilgraphen TG(i) ist aus der Entscheidungstabelle erkennbar (Tabelle 1).

Tabelle 1
Entscheidungstabelle für den Teilgraphen TG(i) (s. [21])

Regel	Bedingungen				Aktionen				
Nr.	LRP(i)	OTP(i)	ODP(i)	i	i	Fehler(e)	Ursache(ur)	Wirkung(w)	goto
1					1				
2	1					LRP(i)		unbekannt	
3	1	1					OTP(i) >70		
4	1		1				ODP(i) < 5		7
5	0	1				OTP(i) >70	unbekannt	LRP(i)	
6	0		1			ODP(i) < 5	unbekannt	LRP(i)	
7				$\neq 3$	i+1				2
8									STOP

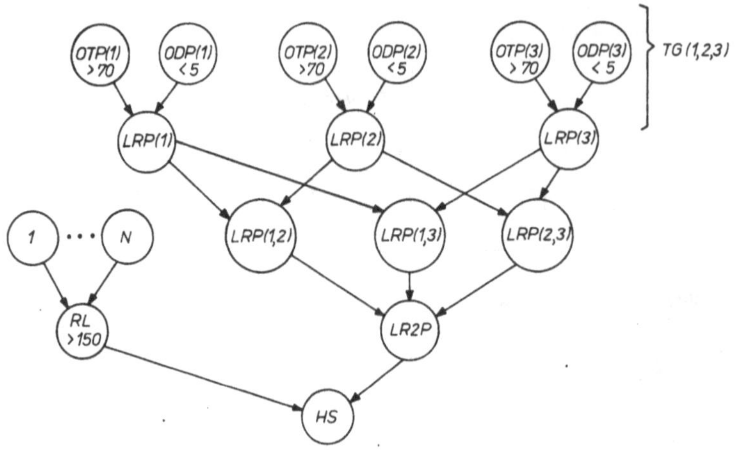

Abb. 6. Ereignisgraph für ein Kernkraftwerk-Teilsystem
LRP(i) – Leistungsrückgang Pumpe „i"
LR2P – Leistungsrückgang an 2 Pumpen
ODP(i) < 5 – Öldruck < 5 MPa
OTP(i) > 70 – Öltemperatur > 70°
RL > 150 – Reaktorleistung > 150 %
HS – Havarieschutz

Nachdem die Bedingungen geprüft worden sind, erfolgen entsprechende Reaktionen, z. B. die Ausgabe einer Meldung zur Störung, Ursache und Wirkung. Als Beispiel für ein Protokoll möge Tabelle 2 dienen:

Tabelle 2
Beispiel für ein Störungsprotokoll (SAAP)

00.15 Reaktorleistung größer als 150 %

Mögliche Ursache:
KK- und/oder AR-Kassetten* gestört oder Kaltwassereinbruch in A2

Mögliche Wirkung:
Havarie 1. Ordnung

00.16 Leistungsrückgang in zwei Pumpen

Mögliche Ursache:
Öldruck und/oder Öltemperatur in zwei Pumpen anomal

Mögliche Wirkung:
Havarie 1. Ordnung

* KK – Kompensationskassette,
AR – Automatischer Regler

1.4.2. Überwachung und Selbstüberwachung eines automatisierten Produktionssystems

Dieses Beispiel demonstriert, in welchem Maße eine zuverlässige Diagnose des gesamten Prozesses u. a. von der Fähigkeit des IS zur Selbstdiagnose abhängt.

Zielstellung: Erhöhung der Wirtschaftlichkeit des Bearbeitungs-, Verarbeitungs- und Manipulationsprozesses; Schutz der Anlage vor Zerstörung infolge von Defekten im automatisierten System.

Aufgaben: Unterstützung der Betriebsführung durch Erfassen und Bewerten von Störungen; Ermitteln von Ursachen, Vorschlagen von Maßnahmen, um Schäden abzuwenden, z. B. für Reparaturen der Anlage bei Ausfall von Teilsystemen des Automatisierungssystems.

Merkmale:

1. Das Automatisierungssystem steuert und überwacht Bearbeitungs-, Verarbeitungs- und Handhabungsprozesse in einer Anlage zur Herstellung von Maschinenteilen. Besonders wichtig ist die Überwachung rotierender Teile (z. B. Gebläse, Getriebe), etwa durch Auswertung von Vibrationssignalen [12].
2. Das Automatisierungssystem ist durch dezentralisiert angeordnete, miteinander gekoppelte Basisrechner gegeben. Es realisiert:
   a) die Diagnose des Basisprozesses, insbesondere die Vibrationsanalyse der Anlagenteile, und
   b) die Selbstdiagnose der Basisrechner innerhalb dieses Systems.

Technische Lösung: (Abb. 7)

1. Funktionelle Lösung
   Die Diagnose des Basisprozesses erfolgt gemäß dem Schema der Abbildung 8 [13].
   Der Diagnoseprozeß umfaßt mehrere Teilprozesse, also:
   a) Festlegen der Teilsysteme, die überwacht werden sollen.
   b) Analyse der Prozeßbedingungen, Feststellen von Störungen, Entscheiden über Auslösen einer Diagnose, insbesondere Analyse der Vibrationssignale, sowie
   c) Ermitteln der Störursachen.
   Im einzelnen geschieht das folgendermaßen:
   Zunächst werden sogenannte Fehlerindizes X_i festgelegt. Dies sind Kenngrößen für die Feststellung von Ursachen bestimmter Fehler, die in rotierenden Maschinen wirksam werden können. Danach werden die Fehlerwahrscheinlichkeiten $P(X_i)$ für jeden Index i bestimmt und für einen Fehler F_i wird eine zusammengesetzte Fehlerwahrscheinlichkeit $P(F_i)$ ermittelt. Damit ist die Möglichkeit gegeben, eine aktuelle Fehlermatrix (A_{ij}) aufzustellen; diese wird schließlich mit einer Referenzmatrix verglichen. Aus den Abweichungen werden entsprechende Schlußfolgerungen gezogen.
2. Selbstdiagnose
   Sie dient der Lokalisierung von Störungen im Automatisierungssystem und

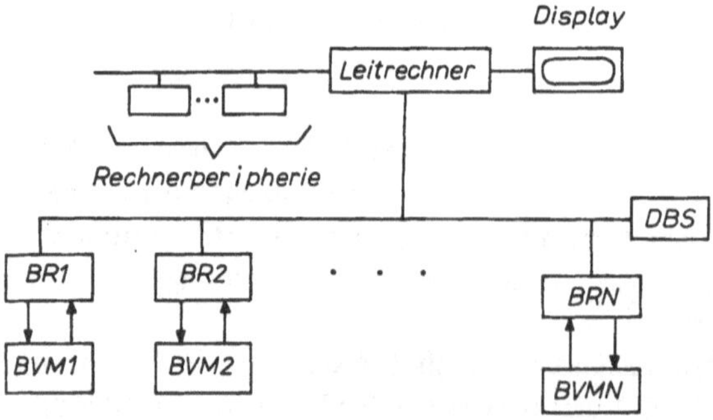

Abb. 7. Automatisierungsstruktur für ein Fertigungssystem
BR – Basisrechner
BVM – Bearbeitungs-, Verarbeitungs-, Manipulationseinheit (z. B. Fertigungszelle)
DBS – Datenbahnsteuerung

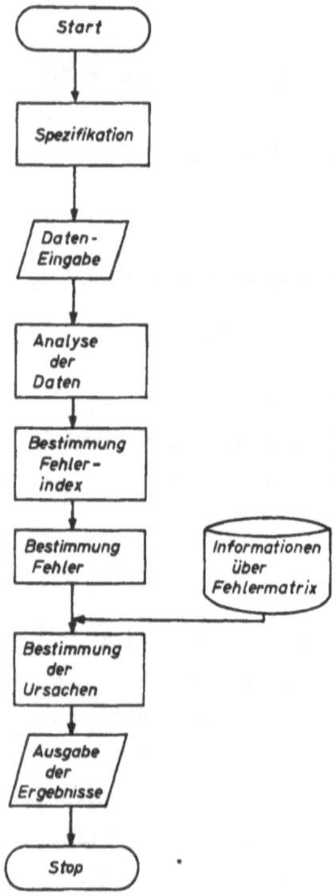

Abb. 8. Programmablaufplan für die Analyse der Prozeßbedingungen

deren Beseitigung durch Reparatur oder Selbstreparatur. Die Möglichkeit und Zuverlässigkeit einer Diagnose hängt u. a. von der Teststruktur und der Wahl der Diagnosealgorithmen ab.
Eine Lösung (s. [14]) basiert auf einem Modell, das die Beziehungen der N-Prozessoren (Abb. 9) und deren Verhalten notiert. Eine praktische Version setzt voraus, daß jeder Prozessor u_i von zwei anderen kontrolliert wird. Eine ideale Lösung des Problems, die jedoch härteste Testbedingungen erfordert, wäre die, daß alle fehlerhaften Einheiten (Basisrechner BR) in einem Testschritt identifiziert werden könnten. Aus praktischen Gründen wird jedoch der sequentielle Test gewählt, bei dem fehlerhafte Einheiten nacheinander ermittelt werden. Dafür sind die Bedingungen der Diagnostizierbarkeit wesentlich „weicher". Die Fehlerdiagnose ist beendet, wenn ein Fehlermuster

$$FM \mathrel{\hat{=}} (f_1, f_2 \ldots f_N)$$

gefunden ist, wobei

$f_i = 0$, wenn u_i fehlerfrei,
$f_i = 1$, wenn u_i fehlerhaft ist, $i = 1 \ldots N$.

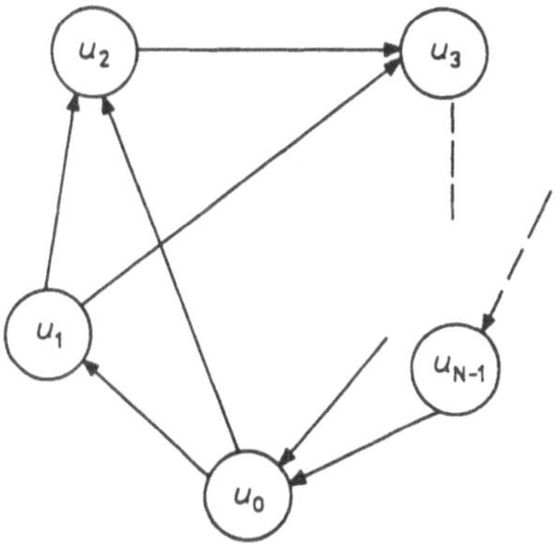

Abb. 9. Diagnosegraph für einen Basisrechner
u_i – Mikroprozessor „i"

1.4.3. PÜ/PS in einem speziellen Mensch-Maschine-System (Passagierflugzeug)

Dieser Fall hat den Charakter eines Konzepts. Er betrifft Vorstellungen zu funktionellen Lösungen der PÜ/PS, die über das Niveau der gegenwärtig realisierten Formen erheblich hinaus gehen. Für die Prozeßsicherung wird eine Art Symbiose von Mensch und Rechner gestaltet und genutzt.
Zielstellung: Erhöhung der Flugsicherheit durch verbesserte Prozeßführung.

Aufgabe: Das Mensch-Maschine-System ist so aufgebaut, daß Störungen im Verhalten jedes der Teilsysteme (Flugzeug, Automatisierungssystem, Pilot) signalisiert, bewertet und, falls erforderlich, Gegenmaßnahmen oder Schutzmaßnahmen ausgelöst werden.

Merkmale:

1. Der Pilot überwacht und steuert in instationären Phasen des Fluges (Starten, Landen); er übernimmt die Gesamtführung bei Störungen im Automatisierungssystem (AS). Das AS überwacht und steuert in stationären Phasen des Fluges; es übernimmt die Führung (abgerüstete Version) bei Störungen im Verhalten des Piloten.
2. Das Mensch-Maschine-System ist durch eine Grobstruktur charakterisiert (Abb. 10). Die Kopplung zu weiteren Mensch-Maschine-Systemen ist möglich.
3. Die Zuverlässigkeit des Mensch-Maschine-Systems hat einen bestimmten Status, der durch Konstruktion und Zuverlässigkeit der Teilsysteme gegeben sowie durch Planung und Instandhaltung, Training usw. stets erneut reproduziert wird.

Die gegebene Aufgabe orientiert auf die Erhöhung der Zuverlässigkeit durch verbesserte Prozeßführung, z. B. durch die Einbeziehung von a) einer wissensbezogenen Kommunikation zwischen den Teilsystemen (Dialog) sowie b) der assoziativen Interpretation.

Der Mensch hat Zugang zum Wissen über das AS (Selbstdiagnose, Fehlertoleranz, Selbstreparatur), über die Anlage (Zustand, Ursachen von Störungen, Therapiemaßnahmen). Die Kommunikation erfolgt über eine Schnittstelle, so daß die Visualisierung bzw. sprachliche Kommunikation möglich ist. Der Dialog

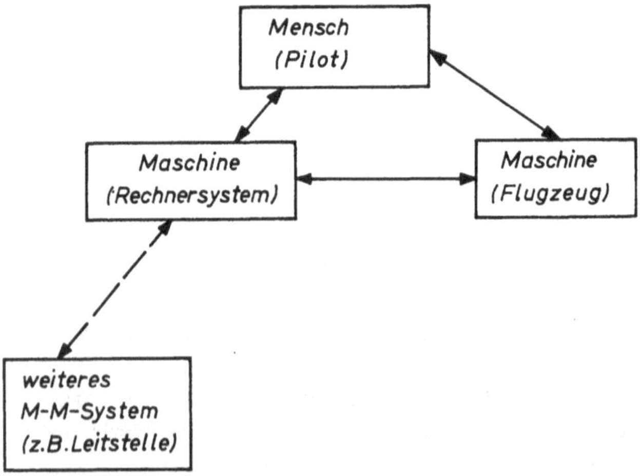

Abb. 10. Schema eines speziellen Mensch-Maschine-Systems

zwischen einem Menschen (M) und dem Computer (C) könnte etwa folgendermaßen ablaufen:

C: Aggregat (i) defekt!
M: Automatische Reparatur möglich?
C: Nein!
M: Was muß ich tun?
C: Notaggregat (i') einschalten;
Kommentar: Orientieren auf Landung in etwa zwei Stunden.
M: Funktion stabil?
C: Ja, Ende.

Das Automatisierungssystem (Computer) hat

a) Zugang zum Wissen über das mögliche Verhalten des Piloten; es überwacht also sowohl den Dialog als auch die Maßnahmen des Piloten. Bei Störungen oder Fehlreaktionen signalisiert es diese u. U. an die Leitzentrale, übernimmt die Führung oder löst Maßnahmen ohne die Mitwirkung des Menschen aus bzw. führt einen Dialog mit dem Leitsystem,
b) Wissen über das Basisobjekt und dessen Verhalten gespeichert; dieses ist in einem hierarchisch strukturierten Rahmen erfaßt,
c) die Möglichkeit zur Selbstbeobachtung und -bewertung,
d) PÜ und PS in zwei Stufen verwirklicht, durch einfache Überwachung und Sicherung oder durch wissensbezogene Überwachung und Sicherung.
Die letztgenannte Stufe ist durch entsprechend anspruchsvolle Kommunikation, Abbildung der Systemzustände, Modellierung des Verhaltens der Teilsysteme Mensch, Anlage (z. B. Störungsdetektion, Diagnoseverhalten, Therapieverhalten, Gesamtverhalten) charakterisiert.

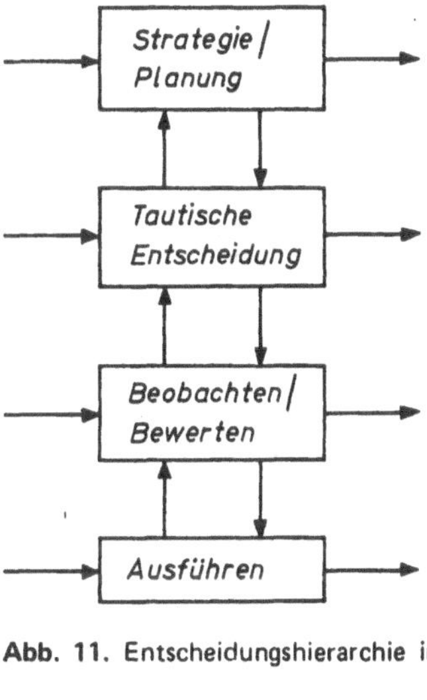

Abb. 11. Entscheidungshierarchie in Störsituationen

Das Verhalten des Gesamtsystems in Störungssituationen ist mehrschichtig und hierarchisch strukturiert (Abb. 11).

Probleme:

Bei gegebenem Zuverlässigkeitsstatus ist die Lösung der Aufgabe, die Prozeßführung zu verbessern, an die Entwicklung und Anwendung anspruchsvoller Hilfsmittel der Informatik, insbesondere der Künstlichen Intelligenz, gebunden, wie

a) Systeme zum Problemlösen in Störsituationen,
b) Expertensysteme (Frage-Antwort-Systeme für die Diagnose),
c) Darstellung, Gewinnung und Nutzung von Wissen.

Auch diese Aufgabe ist Gegenstand intensiver Forschungen; nur Teilprobleme können bislang als gelöst betrachtet werden [11].

2. Theoretische Grundlagen der Störungsanalyse

2.1. Störungsanalyse als Teilaufgabe der Technischen Kybernetik

Die Störungsanalyse entspricht einem informationellen Prozeß, der von einem Informationellen System (IS) getragen wird und dazu dient, einen Basisprozeß bezüglich eines Operationszieles oz zu sichern. Diese Aufgabe entspricht der Lösung eines Steuerungsproblems im Sinne der Technischen Kybernetik. Sie wird durch einen Transformationsprozeß T(oz) beschrieben, bei dem stoffliche bzw. energetische Eingangsoperanden vermöge eines informationellen Prozesses in stoffliche bzw. energetische Ausgangsoperanden überführt werden. Dieser Transformationsprozeß wird durch ein gekoppeltes System vollzogen (s. Abb. 1).

Ein Basissystem (BS) ist über Sensoren und Effektoren mit einem IS gekoppelt. Die Kopplung schließt in der Regel den Menschen als Beobachter und Koordinator ein. Das IS wird als Einheit von Geräte- und Programmtechnik sowie entsprechend notiertem Wissen (Modell, Operationsvorschrift) verstanden.

Die Transformation T(oz) entspricht speziell der Überführung des BS aus einem gestörten Zustand z_A in einem Normalzustand z_N innerhalb einer definierten Zeit TM, der Manipulationsdauer.

Diese Transformation schließt die Abbildung der Zustände des BS auf die informationelle Ebene, deren Bewertung und entsprechende Rückwirkung auf das BS (Abbildungsproblem), die Auswahl einer geeigneten strukturierten Lösung (Konsistenzproblem) und, bei gegebener Leistungsfähigkeit des IS, die einer zeitgetreuen Lösung ein (Echtzeitproblem) [9].

1. Das Abbildungsproblem
   Die Lösung des Abbildungsproblems läßt sich als eine Folge von Abbildungen interpretieren:
   a) Abbildung (1):
      Abbildung der Zustände des BS (Operatoren-, Operandenzustände) auf die informationelle Ebene; die Kopplung zwischen beiden Ebenen erfolgt im wesentlichen über Sensoren,
   b) Abbildung (2):
      Bewertung und Klassifikation der auf das IS abgebildeten Operatoren- und Operandenzustände,
   c) Abbildung (3):
      Ermitteln einer Steuerungsstrategie,
   d) Abbildung (4):
      Realisieren der Steuerungsstrategie, Abbilden der Steuerungsschritte auf das Basissystem; die Kopplung zwischen den Ebenen erfolgt im wesentlichen über Effektoren.

In diese Abbildungen sind Transformationen eingelagert (einfache oder komplizierte) wie Messen, Wandeln, Filtern, Kodieren, Darstellen, Klassifizieren, Analysieren, Erkennen, Diagnostizieren, Problemlösen, Steuern, Regeln, assoziative Therapie, interaktive Prozeßführung, Steuerung usw. Dabei werden Meßwerte, Signale, Muster, Bilder, Modelle (diskrete, kontinuierliche) und Wissen (z. B. Produktionsregeln) verarbeitet und genutzt.
Die technische Erkennung ist eine spezielle Transformation. Sie schließt in anspruchsvollen Fällen die Erkennung informationeller Strukturen auf der Grundlage von Vektor-, linguistischen oder Strukturkonzepten ein.
Als Operationsstrukturen bzw. -strategien werden in [19, 20] genannt: mathematisch-numerische, heuristische oder biologische Methoden.

2. Das Konsistenzproblem
Die Transformation T(oz) ist im allgemeinen strukturiert, d. h. durch eine Struktur von Elementartransformationen bestimmt, die wiederum mit der Lösung solcher Teilprobleme verbunden sind, wie die Dekomposition der Steuerungsaufgabe (Staffelung, Schichtung, Stratifikation), die Koordination und Synchronisation der Teilprozesse [10].

3. Das Echtzeitproblem
Dessen Lösung besteht darin, in der Menge möglicher Transformationen T(oz), jene zu finden, die echtzeitfähig sind, d. h., die sich innerhalb einer bestimmten, für den zu steuernden Prozeß charakteristischen Manipulationsdauer TM realisieren lassen. Der vom IS getragene informationelle Prozeß der PÜ und PS beansprucht eine endliche Zeit TR. Eine praktikable Lösung T(oz) ist nur dann zu gewährleisten, wenn $TR \leq TM$ ist.
Das Transformationsproblem T(oz) erweist sich also als ein komplexes Entscheidungsproblem D(oz), das die Entscheidungen d_A (Abbildungsproblem), d_B (Konsistenzproblem), d_C (Echtzeitproblem) integriert.
Als Parameter können gewissermaßen die Geräte- und Programmtechnik, das Wissen (Modelle, Operationsvorschriften u. a.) sowie das Mensch-Maschine-System aufgefaßt werden.

2.2. Einige mathematische Beschreibungsmittel

Weil das Gebiet der Störungsanalyse (Diagnose und Therapiesteuerung) zur Technischen Kybernetik zu rechnen ist, sind deren mathematische Beschreibungsmittel zur Darstellung zugehöriger Strukturen und Prozesse gültig. Dazu bedient man sich der Algebra und der Systemtheorie.

Die Darstellung realer Objekte und deren Verhalten geschieht mittels Mengen, Relationen, Graphen, logischen Kalkülen, abstrakten Operationsstrukturen etc.[1]

1 Albert Monjallon: Einführung in die moderne Mathematik, VEB Fachbuchverlag, Leipzig 1970.

2.2.1. Mengen, Relationen, Graphen

Menge: Gegeben sind n Elemente a_i, i = 1, ... n; dann ist die Zusammenfassung $A = \{a_i | i = 1(1)n\}$ oder $A = \{a_i | p(a_i)\}$ eine endliche Menge; $p(a_i)$ heißt Prädikat. Es entspricht einer Aussageform, die bei Belegung der Variablen a_i mit einem konkreten Objekt in eine Aussage übergeht, d. h. die Satzform erhält entweder den Wert wahr (true) oder falsch (false).

Die Kardinalität der endlichen Menge entspricht card (A) = n.

$a_i \in A$ drückt aus, daß das Objekt a_i Element der Menge A ist.

$a_j \notin A$ bedeutet a_j ist nicht Element von A.

$A_j \subseteq A$ heißt, daß A_i Teilmenge von A ist.

Wichtige Operationen auf Mengen sind die *Vereinigung,* der *Durchschnitt* und das *Komplement.*

Gegeben sind die Mengen A, B und eine beliebige Menge D.

Die Vereinigung bedeutet $A \cup B = \{x | x \in A \text{ oder } x \in B\}$;

der Durchschnitt heißt $A \cap B = \{x | x \in A \text{ und } x \in B\}$;

und das Komplement: $\overline{A} = \{x | x \in D \text{ und } x \notin A\}$.

Beispiele: Die Menge der Sensoren s_i in einem PS-System wird geschrieben $S = \{s_i | i = 1(1)\,n\}$.

Die Teilmenge der defekten Sensoren $S_d \subseteq S$ wird geschrieben

$S_d = \{s_i | p'(s_i)\}$, $p'(s_i) \mathrel{\hat{=}}$ „s_i ist defekt"; das Komplement wäre

$S_o = \overline{S}_d = \{s_i | p''(s_i)\}$, $p''(s_i) \mathrel{\hat{=}}$ „s_i ist intakt".

Die Vereinigung ergibt $S_d \cup S_o = S$, der Durchschnitt $S_d \cap S_o = \emptyset$ liefert die leere Menge; für die Kardinalität gilt card (S) = n.

Mengenprodukt: Gegeben sind m Mengen A_i, i = 1 ... m, dann heißt die Verknüpfung P^m: $A_1 \times A_2 \;{}_x\!x \ldots A_m = \prod_{i=1}^{m} A_i$ Mengenprodukt,

Elemente des Mengenprodukts heißen m-Tupel; z. B.

$m = 1$, P^1: A_1; $a_1 \in P^1$,

$m = 2$, P^2: $A_1 \times A_2$; $(a_1, a_2) \in P^2$; Paar,

$m = 3$, P^3: $A_1 \times A_2 \times A_3$; $(a_1, a_2, a_3) \in P^3$, Tripel usw.

Die Kardinalität ist: $\text{card}(P^m) = \text{card}(A_1) \cdot \text{card}(A_2) \ldots \text{card}(A_m)$.

Beispiel: Gegeben sind die Menge der Sensoren $S = \{s_i | i = 1(1)\ n\}$ und eine Menge von Bewertungen B = {intakt, defekt}; damit läßt sich die Bezeichnung des intakten Sensors s_i formulieren: $(s_i, \text{intakt}) \in S \times B$.

Relation: Eine Teilmenge $R \subseteq P^m = \prod_{j}^{m} A_j$ wird als m-stellige Relation in P^m bezeichnet, die Relation $R \subseteq P^2$ heißt binär und $R \subseteq P^3$ ternär.

Die wichtigsten Eigenschaften binärer Relationen sind in Tabelle 3 zusammengefaßt.

Besondere Bedeutung haben die transitiven, binären Relationen.

Tabelle 3
Eigenschaften binärer Relationen

Eigenschaft	Bedingung
transitiv	aus xRy und yRz folgt xRz für alle (x, y) ∈ R und (y, z) ∈ R
symmetrisch	aus xRy folgt yRx für alle (x, y) ∈ R
antisymmetrisch	aus xRy und yRx folgt x = y für alle (x, y) ∈ R
reflexiv	es gilt xRx für alle (x, x) ∈ R

Äquivalenzrelation: Eine binäre Relation $R \subseteq P^2$, die transitiv, reflexiv und symmetrisch ist, heißt Äquivalenzrelation; sie zerlegt eine Menge, in der sie definiert ist in Äquivalenzklassen.
Beispiel: Gegeben sei eine Menge von Zuständen $Z = \{z_i | i = 1(1)\ n\}$; die Relation „$z_i$ gehört zur gleichen Störungsklasse wie z_j" zerlegt die Menge Z in Störungsklassen, z. B. in die Teilmenge der gestörten z_A und der nicht gestörten Zustände z_N.
Ordnungsrelation: Eine binäre Relation $R \subseteq P^2$, die reflexiv, transitiv, antisymmetrisch ist, heißt Ordnungsrelation (genauer: Halbordnungsrelation).
Beispiel: Gegeben sei eine Menge von Ereignissen $E = \{e_i | i = 1(1)\ n\}$; die Relation „$e_i$ verursacht e_j" (oder: „das Störereignis e_j wird durch die Störursache e_i ausgelöst") ordnet der Teilmenge von Störereignissen die Teilmengen von Störursachen zu.

Weitere interessante Relationen sind die *Abbildung* und die *Operation.*
Abbildung: Eine Abbildung Φ kann als eine spezielle binäre Relation erklärt werden; gegeben sind die Mengen A, B mit $a \in A$, $b \in B$; dann ist die Abbildung $\Phi = \{(a, b)\} \subseteq P^2 = X \times Y$. Es kann auch $\Phi: X \rightarrow Y$ geschrieben werden.
Beispiel: Z sei die Menge der Zustände eines Systems, B sei die Menge $B = \{0, 1\}$, mit der Bedeutung 0 – „Normalwert", 1 – „Störung"; dann bedeutet die Abbildung

$\Phi: Z \rightarrow B = \{0, 1\}$ eine Klassifikation

der Menge Z in gestörte und normale Zustände.
Operation: Eine ternäre Relation $R \subseteq P^3$, die einer eindeutigen Abbildung $\Phi: (A \times B) \rightarrow C$ entspricht, heißt binäre Operation; mit $a \in A$, $b \in B$, $c \in C$; es gilt die Schreibweise a op b = c, oder c = op(a, b).

Beispiel: Gegeben sind die Mengen Z, X, Y, mit $z \in Z$, $x \in X$, $y \in Y$; dann entspricht die Operation op: $(Z \times X) \rightarrow Y$ einer Beziehung $y = op\,(z, x)$ oder geläufiger $y = f\,(z, x)$.

Gerichteter Graph[1]: Dieser ist ein spezieller Graph zur Darstellung gerichteter Prozesse, z. B. von Strukturen über Ereignissen. Er entspricht einer Zusammenfassung:

$$G = (K, R, \Phi), \text{ Kurzform: } [K, R],$$

K – Menge von Knoten; R – Menge von Kanten, Φ – Inzidenzfunktion: Φ: $K \times K \rightarrow R$.

In Abhängigkeit davon, wie die Menge der Knoten K belegt wird, sind Zustandsgraphen ($K \hat{=} Z$), Ereignisgraphen ($K \hat{=} E$) oder Informationsflußgraphen (Petri-Netz, $K \hat{=} S \cup E$, S – Menge von Stellen, E – Menge von Ereignissen) gegeben.

Beispiel: Gegeben sei ein System, das sich im Zustand $z_1 \in Z$ befindet; es geht bei einer Eingabegröße $x \in X$ in den Zustand $z_2 \in Z$ über und liefert die Ausgangsgröße $y \in Y$ (Abb. 12). Die Darstellung als Petri-Netz entspricht der in Abbildung 13.

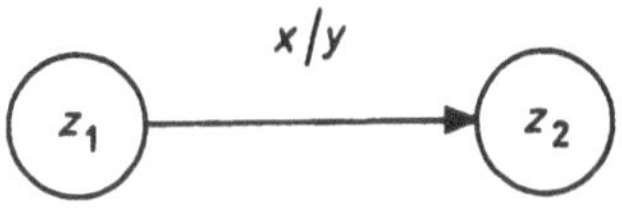

Abb. 12. Zustandsgraph
z_1, z_2 – Zustandsgrößen
x – Eingabegröße
y – Ausgabegröße

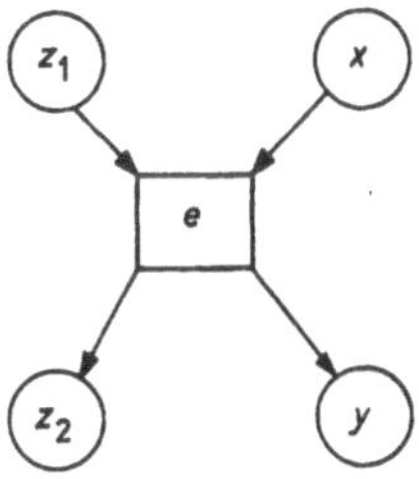

Abb. 13. Petri-Netz
z_1, z_2, x, y – Stellen/Plätze, graphisch ○
e – Ereignis, graphisch □

1 Ein Graph ist allgemein die Zusammenfassung von Knoten und Relationen zwischen ihnen; sind die Relationen gerichtet, dann handelt es sich um einen gerichteten Graphen.

Ein spezieller Graph ist der Baum. Im Rahmen der Störungsanalyse werden der *Ereignisbaum* und der *Fehlerbaum* verwendet.

Ereignisbaum: Dies ist ein spezieller Ereignisgraph. Seine Kantenrichtung stimmt mit den kausalen Ursache-Folge-Relationen überein. Er ist also ein Folgemodell. Er dient in der Störungsanalyse der Voraussage möglicher Folgen von Störereignissen.

Fehlerbaum: Ein Fehlerbaum ist ein Ursachenmodell. Es dient in der Störungsanalyse zur Aufdeckung der primären Ursachen einer Störung. Die Kanten des Fehlerbaums sind von den Folgen zu möglichen Ursachen von Störereignissen gerichtet. Störereignisse für die keine erkennbaren Ursachen existieren, heißen spontane Ereignisse; sie entsprechen der Menge der primären Ursachen.

2.2.2. Elemente der Aussagen- und Prädikatenlogik

Hiermit ist ein Kalkül gegeben, das es gestattet, logisches Verknüpfen, Kombinieren und Schließen durch formales Rechnen zu ersetzen. Die *Schaltalgebra* ist als eine spezielle Belegung des Kalküls aufzufassen.

Die *Aussagenlogik* baut auf folgenden Definitionen auf: Eine Aussage ist ein Satz mit einem Wert. Die Werte sind apodiktisch, nämlich wahr (w, true) oder falsch (f, false). Aussagen werden mit den Symbolen p, q, r usw. notiert.

Eine Aussagenverbindung ist eine Verknüpfung von Aussagen; Aussageverbindungen sind wiederum Aussagen. Verknüpfungen werden durch logische Operationen (op) realisiert. Diese entsprechen eindeutigen Abbildungen:

op: $B \times B \rightarrow B$ bzw.

op: $B \rightarrow B$ mit $B = \{0, 1\}$.

Die wichtigsten logischen Operationen sind in Tabelle 4 aufgeführt.

Tabelle 4

Einige logische Operationen

		Negation	Konjunktion (log. UND)	Disjunktion (log. ODER)	Implikation	Antivalenz (Exclusiv-ODER)	Äquivalenz
p	q	$\bar{p}$	$p \wedge q$	$p \vee q$	$p \rightarrow q$	$p \not\leftrightarrow q$	$p \leftrightarrow p$
w	w	f	w	w	w	f	w
w	f	f	f	w	f	w	f
f	w	w	f	w	w	w	f
f	f	w	f	f	w	f	w

Ein Anwendungsbereich der Aussagenlogik ist das formale Schließen. Gegeben sei z. B. eine Anzahl wahrer Aussagen (Prämissen), aus ihnen folgt, daß eine andere Aussage, der Schluß (Konklusion), ebenfalls wahr ist.

Beispiel:	verbal	formal
	die Regelkassetten sind gestört	p
	wenn die Regelkassetten gestört sind, dann schaltet der Reaktor ab	$p \rightarrow q$
	der Reaktor schaltet ab	q

Ein Prädikat (Aussageform) ist ein Satz, der eine oder mehrere Variable enthält; er wird zu einer Aussage, wenn für diese Variablen bestimmte Objekte eingesetzt werden. Das wird durch die Quantifizierung der Aussageform erreicht. Die Quantifizierung erfolgt durch sogenannte Quantoren. In Tabelle 5 ist die Bedeutung einiger dazu benutzter Symbole erläutert.

Tabelle 5
Symbolik und Bedeutung der Quantoren

Quantor	Symbol	Bedeutung
Allquantor	$\forall x \in M\,(p(x))$	für alle x aus M gilt p(x)
Existenzquantor	$\exists\, x \in M\,(p(x))$	es existiert ein x aus M, für das p(x) gilt

Beispiele:

1. M – Menge von Pumpen eines Kreislaufsystems,
   p(x) – „Pumpe x ist defekt".
   $\forall\, x \in M\,(p(x))$ bedeutet daher: „Für alle Pumpen hat das Prädikat: Pumpe ist defekt" – den logischen Wert „wahr".
2. Die Lösung einer Steuerungsaufgabe, bei der ein BS von einem Zustand z_A in einen Zustand z_N innerhalb einer Toleranz ϵ überführt werden soll, entspricht der eines Entscheidungsproblems $D = D\,(z_A, z_N, \epsilon)$. Eine informationelle Struktur, die z_A in z_N überführt, sei $\Sigma_{IS} = Z_{IS}(z_A, z_N)$. Das Prädikat $p(\Sigma_{IS}, D)$ hat den Wert „wahr", wenn es eine solche Struktur Σ_{IS} in der Menge möglicher Strukturen Σ gibt, d. h.

$$D = D(z_A, z_N, \epsilon), \qquad \exists\, \Sigma_{IS} \in \Sigma(p(\Sigma_{IS}, D)).$$

2.2.3. Systemtheoretische Aspekte

Abstrakte Strukturen

Reale Systeme offenbaren ein bestimmtes Verhalten; sie sind im allgemeinen strukturiert und stehen über Eingangs-Ausgangs-Beziehungen mit einer Umgebung in Wechselwirkung. Der Versuch einer Abstraktion dieses Sachverhaltes führt zur formalen Beschreibung von Systemen, mithin zum formalen System. Dieses wiederum kann aus der Darstellung der sogenannten abstrakten Struktur abgeleitet werden, die eine Zusammenfassung einer Menge von Trägermengen M und Relationen R in diesen Mengen repräsentiert. Trägermengen können Zahlen, Symbole, Axiome, Postulate oder reale Objekte sein. Damit ist eine weitestgehend geschlossene Modellierung von Objekten der realen Welt möglich. Die einfachste Struktur entspricht dem Tupel (M, R); dabei ist R in M definiert, z. B. $R \subseteq M^2$ oder op: $M^2 \rightarrow M$; dann wird von einer (in diesem Falle einfachsten) algebraischen Struktur gesprochen. Spezielle algebraische Strukturen sind die Schulalgebra, die Mengenalgebra, die BOOLEsche Algebra.

Isomorphie, Homomorphie

Diese Begriffe betreffen die Abbildung abstrakter Strukturen untereinander. So ist z. B. im Zusammenhang mit der Lösung des Abbildungsproblems (s. Abschnitt 2.1.) von Interesse, inwieweit sich das Verhalten eines realen Systems durch ein Modell repräsentieren läßt.

Gegeben seien zwei algebraische Strukturen (M, op), (M', op') sowie eine Abbildung Φ: M → M'. Diese Abbildung heißt *Isomorphismus* (M, op) is (M', op'), sofern sie eineindeutig ist, d. h., wenn $\forall x, y, z \in M \;\; ((x \text{ op } y = z) \longleftrightarrow (x' \text{ op}' \, y' = z'))$ gilt.

Ist die Abbildung Φ: M → M' eindeutig und gilt ferner $\forall x, y, z \in M$ $((x \text{ op } y = z) \rightarrow (x' \text{ op}' \, y' = z'))$, so ist von einem *Homomorphismus* (M, op) hom (M', op') die Rede.

Beispiele mögen diese Sachverhalte verdeutlichen:

1. Die Abbildung eines realen Prozessorsystems auf eine Modellstruktur kann als Isomorphismus aufgefaßt werden.
2. Die Abbildung der Prozeßstruktur einer technologischen Anlage auf eine informationelle Ebene ist ein Homomorphismus.

Das formale System

Eine spezifische abstrakte algebraische Struktur der Form (M1, M2, M3; op1, op2) heißt formales deterministisches System, wenn folgendes vereinbart wird:

M1 – X – Menge der Eingabegrößen,
M2 – Y – Menge der Ausgabegrößen,
M3 – Z – Menge der Zustandsgrößen,
op1 – f – Überführungsrelation,
op2 – g – Ergebnisrelation,

mit $f: (Z \times X \times T) \rightarrow Z$ oder $z' = f(z, x, t)$,
$g: (Z \times X \times T) \rightarrow Y$ oder $y' = g(z, x, t)$
und $z \in Z$; $x \in X$; $y \in Y$,

T – Menge der Zeitwerte.

Die einfache Beschreibung von S durch X, Y, d. h.
$S = (X, Y, T, g') \subseteq X \times Y \times T$ mit $g': X \times T \rightarrow Y$
heißt Input-Output-Beschreibung des Systems. Das abgeschlossene System ist charakterisiert durch $S = (Z, Y, T, f) \subseteq Z \times Y \times T$ mit $f: Z \times T \rightarrow Z$, d. h., es gibt keinen Informationsaustausch mit der Umgebung.

Spezielle Klassen von Systemen sind durch folgende Merkmale charakterisiert:

$T \subset G$: G – Menge der ganzen Zahlen, folglich diskontinuierliche Systeme,
X, Y Z – endliche Mengen, d. h. endliche Systeme,
f, g – zeitinvariant, also stationäre Systeme (sonst instationäre Systeme),
X, Y, Z – Teilmengen linearer Räume sowie f, g lineare Abbildungen, ergo lineare Systeme.

Ein strukturiertes formales System kann folgendermaßen geschrieben werden:

$$\Sigma = (OP, OD, K);$$

darin entspricht
OP – einer Menge von Operatoren/Teilsystemen,
OD – einer Menge von Operanden/Eingabe-, Ausgabe-, Zustandsoperanden (X, Y, Z),
K – einer Menge von Kopplungen zwischen den Operatoren; dafür gilt $K: OP \times OP \rightarrow OD$.

Σ heißt auch Operationsstruktur, d. h. eine Struktur von Operatoren, die als Teilsysteme des formalen Systems aufzufassen sind; die Teilsysteme können ebenfalls strukturiert sein. Σ ist damit in gewisser Weise als ein komplexes System aufzufassen.

Das lineare System

Das zeitliche Verhalten technologischer Systeme (z. B. Kernreaktor) ist mit gewissen Einschränkungen durch einfache Systemklassen, die sogenannten linearen Systeme, beschreibbar. Die Linearität der Größen x, y, z drückt sich folgendermaßen aus:

$$z(t+1) = A\,z(t) + B\,x(t)$$
$$y(t) = C\,z(t) + D\,x(t)$$

für diskontinuierliche (getaktete) Systeme

oder

$$\frac{dz}{dt} = A\,z(t) + B\,x(t)$$
$$y(t) = C\,z(t) + D\,x(t)$$

für kontinuierliche Systeme.

Im allgemeinen sind die A, B, C, D Matrizen und die x, y, z Vektoren.

Jedes nichtlineare, stetig differenzierbare System

$$z = f(z, x), \; y = g(z, x)$$

läßt sich in der Umgebung eines Punktes (z_0, x_0) in eine TAYLOR-Reihe entwickeln und für kleine Änderungen δz, δx linearisieren. Die lineare Näherung kann für die Modellierung des Verhaltens einer Reihe von technischen oder technologischen Systemen eine zufriedenstellende Lösung liefern.

Die Basisrelation

Die Basisrelation ist ein spezielles komplexes System; sie entspricht der Kopplung von überwachtem und gesteuertem System, dem *Basissystem* BS, und überwachendem und steuerndem System, dem *Informationellen System* IS. Sie ist Träger der Transformation T(oz), derzufolge eine Menge von stofflichen oder energetischen Eingangsoperanden in stoffliche oder energetische Ausgangsoperanden transformiert werden (Abb. 14). Die Transformation folgt einem Operationsziel oz, das Element in der Menge möglicher Operationsziele ist, $oz \in OZ$. Das Besondere dieser Basisrelation besteht darin, daß T(oz) von einer Transformation T'(oz) geprägt wird, die durch das IS realisiert wird und als wesentliche Bedingung eine zumindest eindeutige Abbildung der Zustände der Operatoren und Operanden des BS auf das IS enthält. Formal läßt sich diese Bedingung durch eine homomorphe Abbildung zwischen den Operationsstrukturen für das Basissystem Σ_{BS} und das Informationelle System Σ_{IS} ausdrücken:

$$(\Sigma_{BS}) \text{ hom } (\Sigma_{IS}).$$

Der praktische Inhalt dieser Abbildung ist die Modellierung des Störungsablaufs, von deren Güte die Qualität der PÜ und PS abhängt. Spezielle Klassen

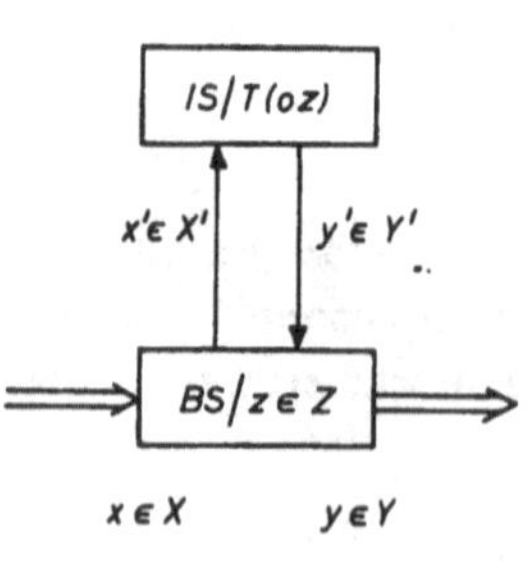

Abb. 14. Grundrelation der Technischen Kybernetik
IS – Informationelles System, BS – Basissystem, T(oz) – informationelle Transformation mit dem Operationsziel oz, x', y' – informationelle Operandenmengen, x, y, z – stoffliche bzw. energetische Operandenmengen

von Strukturen für das IS sind hierarchische Strukturen [10], z. B. die Schichtung, die Staffelung und die Stratifikation (s. Abb. 15).[1]

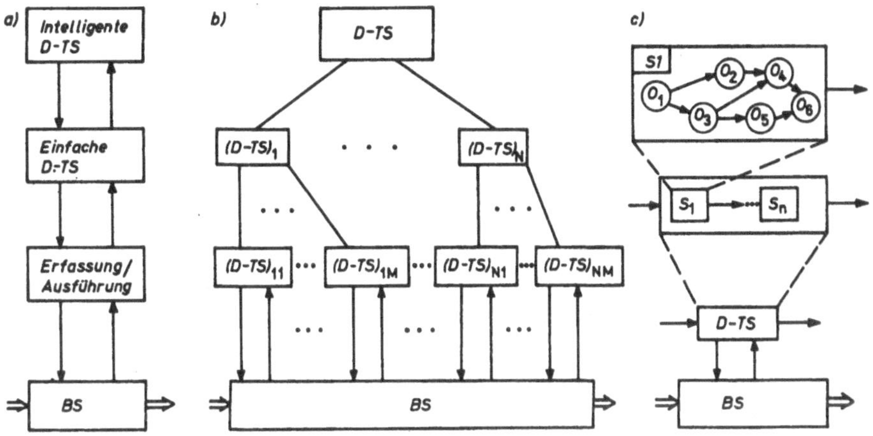

Abb. 15. Hierarchische Strukturierungen
a) Schichtung b) Staffelung c) Stratifikation
BS – Basissystem
D-TS – Diagnose und Therapiesteuerung
S_i – informationelles Teilsystem „i"
O_j – informationeller Operator „j"

Diese Strukturen sind für die Überwachung und Sicherung strukturierter BS wesentlich. Eine eingehende theoretische Behandlung würde jedoch den vorgegebenen Rahmen dieser Arbeit sprengen. Eine geraffte Darstellung von Problem und Lösungsweg wird im Anhang gegeben.

2.3. Modellierung

2.3.1. Problem

Die Störungsanalyse als Teilaufgabe der Prozeßüberwachung und Prozeßsicherung (PÜ/PS) ist eine spezielle Transformation T(oz) der Technischen Kybernetik, sie läßt sich vereinfachend durch eine Folge von vier Abbildungen darstellen (s. Abschnitt 2.1.), die unter Verwendung der im vorhergehenden Abschnitt eingeführten mathematischen Beschreibungsmittel wie folgt modelliert werden können:

$$T(oz):\ BS(\Sigma_{BS}) \overset{(1)}{\rightarrow} Z \overset{(2)}{\rightarrow} B_K \overset{(3)}{\rightarrow} U \overset{(4)}{\rightarrow} BS(\Sigma_{BS}).$$

1 Stratum (lat.) – Schicht.

Hier bedeuten:

$BS(\Sigma_{BS})$ – das Basissystem, charakterisiert durch eine Struktur Σ_{BS},
$\mathbf{Z}$ – eine Menge von Zuständen (Operatoren, Operanden),
B_K – eine Menge von Klassifikationsmerkmalen, z. B.
$B_K = \{0, 1\}$ mit 0 – „normal", 1 – „gestört",
U – eine Menge von Steuerungsstrategien.

Die einzelnen Abbildungen enthalten die wesentlichen Teilaufgaben der Störungsanalyse (Diagnose und Therapiesteuerung).

Abbildung (1): Erfassen, Verarbeiten der Informationen aus dem BS, *Bestimmen des Zustandes* der zugehörigen Operanden und Operatoren, ausgedrückt durch den Zustandsvektor $\mathbf{z} \in \mathbf{Z}$.

Abbildung (2): *Bewerten und Klassifizieren* des Zustandsvektors $\mathbf{z} \in \mathbf{Z}$, z. B. ausgedrückt durch $\Phi: \mathbf{Z} \rightarrow B_k \mathrel{\hat{=}} \{\text{normal, gestört}\}$; Erkennen von Störungen bzw. des Störungsgrades in $\mathbf{z}$.

Abbildung (3): *Analyse und Lokalisierung* von Störereignissen e_i, d. h. Ermitteln von Ursachen $ur_i \in UR$, möglichen Wirkungen $w_i \in W$ und Zuordnung der Störungen zu bestimmten technologischen Teilsystemen. Dazu ist ein Modell des Störablaufs erforderlich.

Ermitteln von Maßnahmen $\mathbf{u} \in \mathbf{U}$ zur Überführung in einen Normalzustand. Für die konkrete Behandlung eines gestörten Zustandes $\mathbf{z}_A$ ist im allgemeinen die Zuordnung von $\mathbf{z}_A$ und einer entsprechenden Therapiesteuerungsstrategie u^{Th} erforderlich, d. h., es muß ein Tupel $(\mathbf{z}_A, u^{Th}) \in \mathbf{Z} \times \mathbf{U}$ existieren.

Abbildung (4): Ausführen der Maßnahmen zur Behebung der Störung und zur Abwendung von Folgeschäden.

2.3.2. Bestimmung und Klassifikation des Zustandes im BS

Diese Aufgabe entspricht im wesentlichen dem Inhalt der Abbildungen (1) und (2); sie umfaßt eine Vielzahl informationeller Prozesse, z. B. die Erfassung von Signalen, Signalmustern und deren Verarbeitung, unter Verwendung von Modellen und Wissen. Dabei sind Vorgänge zu verzeichnen, die automatisch ablaufen und solche, die im Dialog unter Beachtung einer gewissen Arbeitsteilung zwischen dem IS und dem an einem solchen Prozeß beteiligten Menschen geführt werden.

Das Spektrum dieser informationellen Prozesse kann im wesentlichen in fünf Komponenten $Z_1, \ldots, Z_5$ geordnet werden (s. Abb. 16); dafür ist eine Differenzierung von einfacher Abbildung und modell- bzw. wissensbezogener (intelligenter) Abbildung recht praktisch.

Einfache Abbildung: Sie schließt alle informationellen Prozesse bis hin zur Meldung, Signalisation (Z_1) sowie Signalanalyse und Klassifikation von Signalparametern (Z_2) ein.

Modell- bzw. wissensbezogene Abbildung: Sie umfaßt die Ermittlung infor-

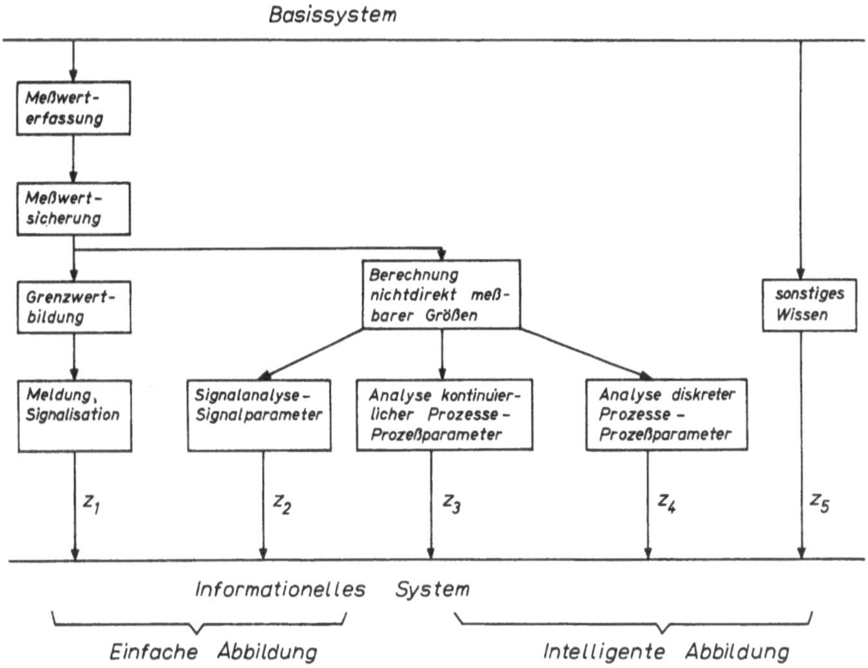

Abb. 16. Informationelle Teilprozesse zur Abbildung der BS in das IS

mationeller Größen unter Nutzung kontinuierlicher Prozeßmodelle (nichtparametrische, parametrische, mathematische, physikalisch-technische Modelle (Z_3)), diskreter Prozeßmodelle (z. B. Ereignisgraph (Z_4)) sowie sonstigen Wissens (Z_5).

Wissen und Modell sind Begriffe, die in diesem Zusammenhang nicht scharf gegeneinander abgegrenzt werden. Das Modell eines technologischen Prozesses kann auch als Wissen interpretiert werden. Der Begriff des Wissens schließt den des Modells ein. Unter *Wissen* soll im allgemeinen eine informationelle Struktur auf der Ebene von Begriffsnetzen verstanden werden. Ein *Begriff* ist die semantische Belegung einer Zeichenstruktur. Eine spezielle Darstellung von Wissen stellt die *Produktionsregel* dar, für die ein gewisser Zusammenhang zur *Entscheidungstabelle* [21] ersichtlich ist.

1. Einfache Abbildung
Sie entspricht der Abbildung von Merkmalen des BS (Meßwerte, sonstige Merkmale) auf einfache Merkmalsgrößen, Kenngrößen oder Kennfunktionen (im Zeit- oder Bildbereich) mit dem Ziel der Weiterverarbeitung, z. B. zu einer Klassifikation bezüglich normaler bzw. anomaler Zustände. Diesen Prozessen gehen die Teilprozesse Meßwertgewinnung, deren Sicherung und Korrektur (Primärverarbeitung) voraus. Die einzelnen Schritte gestalten sich folgendermaßen:

Meldung, Signalisierung

– Meßfühler (Sensoren, Geber) erfassen eine Meßgröße (z. B. die Temperatur) und wandeln sie in eine übertragbare Größe (z. B. die Spannung); ein Meßwertwandler wandelt den Meßwert sodann in einen genormten Signalwert $x \in X = N$. Übersteigt dieser einen definierten Grenzwert x_G, so entsteht ein Meldesignal $y \in Y = \{0, 1\}$.
  Formal:
  $\Phi: X \rightarrow Y = \{0, 1\}$; 0 – „Normalwert", 1 – „Störung",
  $x \in N$ – Menge der natürlichen Zahlen,
  $y \in \{0, 1\}$.
– Auf der Grundlage des ermittelten Betriebszustandes einer technologischen Anlage werden Meldungen an das Bedienpersonal übermittelt. Wird die Anzahl der Meldungen zu groß, dann ist die Bildung von Sammelmeldungen sinnvoll; dabei sind möglich:
  a) Unterdrückung von Folgeereignissen und nur Meldung der Primärereignisse,
  b) Ermittlung von nicht direkt meßbaren Störungen, die aus anderen Meldungen abgeleitet werden können,
  c) Weiterleiten von Sammelsignalen.

Signalanalyse [22]

Signale sind Träger von Informationen über den Zustand von Systemen, d. h. die Analyse von Signalen kann Aufschluß über den Systemzustand liefern.

Ein Signal werde folgendermaßen beschrieben:

$$y(t) = n(t) + r(t),$$

mit n(t) – Nutzanteil (deterministisch), r(t) – Rauschanteil (stochastisch).

Die Analyse des deterministischen Signalanteils n(t) (Filterung) liefert Signal*kennwerte,* die des stochastischen Anteils r(t) Signal*kenngrößen:*

a) im *Zeitbereich* als zeitlichen Mittelwert $\bar{x}(t)$ oder verallgemeinerten zeitlichen Mittelwert $K_{xx}(\tau)$; $K_{xy}(\tau)$ und
b) im *Bildbereich* als Amplitudendichte c_n, spektrale Leistungsdichte S_{xx} oder mittlere Leistung P eines Vorgangs.

Abweichungen von der Klasse der Normalwerte lassen Rückschlüsse auf sich anbahnende Störungen zu.

Am Beispiel der Rauschanalyse [12, 23] sei die Verfahrensweise demonstriert. Dieser liegt folgender Gedanke zugrunde: Der zeitliche Mittelwert K_{rr} des Rauschanteils im Signal y(t) enthält Informationen über den Zustand eines beliebigen technischen Systems. Die Analyse erfolgt auf der Grundlage eines Modells des betreffenden Systems, hier des Kernreaktors (Abb. 17).

Das Signal enthält die Anteile des Nulleistungsrauschens (nuklearer, stationärer Spaltungsprozeß) und des Leistungsrauschens (nukleare, thermohydrodynamische, mechanische Anteile). Unter Verwendung des Modells läßt die Analyse von K_{rr} Schlußfolgerungen zur Übertragungsfunktion G(f), zu den dynamischen

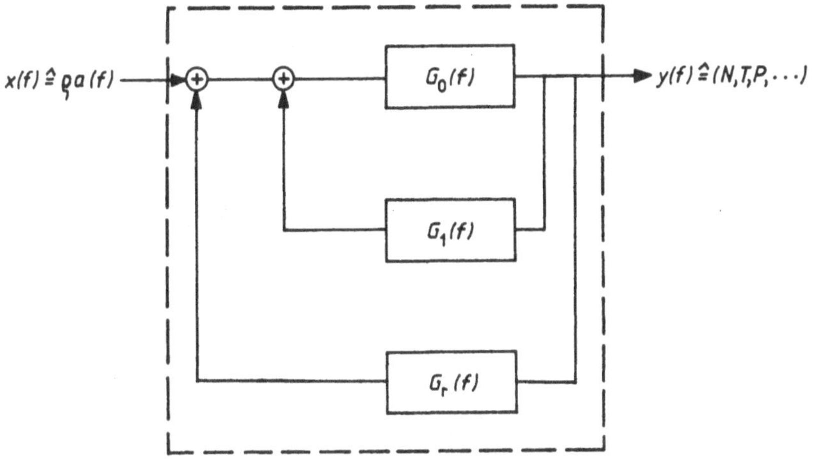

Abb. 17. Lineares Modell des Kernreaktors (alle Größen im Bildbereich)
G_i – Übertragungsfunktionen
N – Neutronenfluß
T – Temperatur
P – Druck
ρ_a – Reaktivität

Eigenschaften des Reaktors und damit Rückschlüsse auf ein mögliches gestörtes Verhalten zu [12].

2. „Intelligente" Abbildung

Problem

Die Intelligente Abbildung ist modell- bzw. wissensbezogene Abbildung. Sie basiert auf kontinuierlichen oder diskreten Prozeßmodellen bzw. auf Wissen zum beobachteten Prozeß. Die Prozeßmodelle werden durch eine Prozeßanalyse ermittelt. Ein solches Modell M, charakterisiert durch einen Parametervektor η, wird so gestaltet, daß das Verhalten des realen Prozesses mit dem durch M reproduzierten innerhalb einer Toleranz ϵ übereinstimmt. Die Prozeßanalyse entspricht der Lösung

$$D = D(P, M, \epsilon) \text{ mit } M = M(\eta), \text{ d. h. } \exists\, \eta(P\,(\eta, D)),$$

oder verbal: Die Zielstellung der Prozeßanalyse ist erreicht, wenn es einen Parametervektor η gibt, der für das Modell M ein Verhalten reproduziert, das mit dem des realen Prozesses innerhalb der Toleranz ϵ übereinstimmt. Damit ist das Entscheidungsproblem D gelöst.

Kontinuierliches Modell

Kontinuierliche Modelle sind durch kontinuierliche Werte der Prozeßgrößen Z,

X, Y charakterisiert; es handelt sich also um Modelle kontinuierlicher Prozesse. Ein Beispiel dafür ist das lineare System (Abb. 18). Es wird durch das Differentialgleichungssystem

$$\dot{z} = \bar{A}z + \bar{B}x + \omega',$$
$$y = \bar{C}z + \bar{D}x + \omega'' \text{ beschrieben,}$$

mit $\bar{A}$ – Strukturmatrix, $\bar{B}$ – Beobachtungsmatrix, $\bar{C}$ – Meßmatrix, $\bar{D}$ – Durchgangsmatrix, ω', ω'' – Störungen.

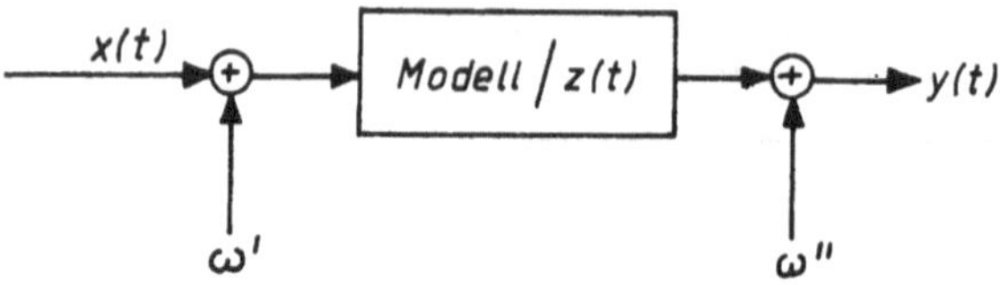

Abb. 18. Lineare Modellierung realer Systeme
x(t) – Eingangsgröße
y(t) – Ausgangsgröße
z(t) – Zustandsgröße
ω', ω'' – Störgrößen

Für die Beschreibung von Kernreaktoren kann unter bestimmten Bedingungen [24] ein lineares Modell ausreichend sein. In der sogenannten punktkinetischen Näherung gilt:

$$x = z = \begin{pmatrix}\delta N\\ \delta C\end{pmatrix}; \quad y = \begin{pmatrix}\delta N\\ 0\end{pmatrix};$$

$$\bar{A} = \begin{pmatrix} \frac{N_o}{l}\Gamma_p - \frac{\beta}{l} & \Lambda \\ \frac{\beta}{l} & -\Lambda \end{pmatrix},$$

$$\bar{B} = \left(\frac{N_o}{l_0}\gamma\right),$$

$$\bar{C} = \begin{pmatrix}1 & 0\\ 0 & 0\end{pmatrix},$$

$$\bar{D} = \begin{pmatrix}0\\ 0\end{pmatrix},$$

N – Neutronenfluß, C – Konzentration der Muttersubstanz, l – Lebensdauer des Neutrons, Γ_p – Leistungskoeffizient, β – Prozentualer Anteil der verzögerten Neutronen, γ – Regelstabwirksamkeit, N_o – Konstante.

Der für die Beurteilung des Reaktorzustandes wesentliche Parametervektor ist $\eta = (\Gamma_p, \gamma)$.

Diskretes Modell

Diskrete Modelle sind durch diskrete Werte der Prozeßgrößen X, Y, Z, T charakterisiert. Sie können sowohl kontinuierliche als auch diskrete Basisprozesse beschreiben. Der erstgenannte Fall liegt vor, wenn die Struktur der den kontinuierlichen Prozeß charakterisierenden Größen auf eine diskrete Wertemenge abgebildet wird, z. B. auf Grenzwerte.

Formal heißt das:

$$\Phi: X \rightarrow Y = B_K \overset{\text{z. B.}}{=} \{0, 1\}; \; 0 - \text{„Normal"}, \; 1 - \text{„Störung"},$$

Φ – Abbildung, X – Eingabemenge, Y – Ausgabemenge.

Ein Beispiel für ein solches Modell ist die Struktur der Elemente des Havariekreises eines Kraftwerkes (s. Abb. 6). Die Störungsanalyse, so wie sie zur PÜ und PS in Kernkraftwerken genutzt wird, beruht im wesentlichen auf einer solchen Form der Abbildung (z. B. Ereignisgraph G_E). Diese Klasse von Prozessen wird vorrangig in den nachfolgenden Betrachtungen behandelt.

In Analogie zur Beschreibung der Klasse kontinuierlicher Prozesse ist eine Zustandsrelation folgender Art denkbar:

$$z(t') = z(t) \circ A;$$

$$\text{mit z. B. } A = G_E \circ \beta(t'),$$[1]

$\beta(t')$ – Bewertungsgraph, G_E – Ereignisgraph.

Die Abbildungsfunktion A läßt sich allerdings nur in einfachen Fällen (z. B. in getakteten diskreten Systemen) experimentell identifizieren. Im allgemeinen integriert A Wissen über Zusammenhänge von Zustands- oder Ereigniskomponenten z. B., die Aggregate 1 und 2 sind mit dem Kühlsystem verbunden und dgl.

Die Notation eines Basisprozesses durch ein diskretes Modell kann metrische und nichtmetrische Teilprozesse einschließen. Ein Knoten $e \in E$ kann z. B. durch die Aussagen:

„Grenzwert x_G erreicht" oder
„physikalische Parameter (Γ_p, γ) abnorm" oder
„Schwingungsspektrum abnorm"

belegt werden.

In Kapitel 3 wird dieser Sachverhalt detailliert behandelt und mit kybernetischen Methoden zum Erwerb, zur Darstellung und Nutzung von Wissen in Beziehung gebracht.

3. Das Ereignisprinzip

Das Verhalten eines realen Prozesses ist durch eine zeitlich geordnete Menge von Zuständen beschreibbar. Der Übergang zwischen zwei Zuständen $z \in Z$ ist

1 o – Graphenoperator zur Verknüpfung von Graphen.

durch signifikante Änderungen einzelner Zustandsgrößen charakterisiert. Eine solche Änderung wird als Ereignis e bezeichnet.

Systeme, deren Verhalten als eine Struktur über Ereignissen beschrieben werden kann, heißen ereignisgesteuert. Das Petri-Netz ist ein Spezialfall eines ereignisgesteuerten Systems. Die Zustandskomponenten $z_i \in Z$ und ein Ereignis e_i können folgendermaßen zusammenhängen:

$$z_i = (e_i, t) \in Z \subseteq E \times T.$$

Die Menge E heißt Ereignismenge, T ist eine Menge von Zeitwerten.

Die Aufgabe, den Zustandsvektor z zu ermitteln (vgl. Abb. 16), hängt demzufolge mit der Aufgabe der Bestimmung der zugehörigen Ereignismengen zusammen. Diese Menge ergibt sich als Abbildung informationeller Kopplungen V des BS mit dem IS, d. h. aus Kopplungen über Sensoren S, über Effektoren E_{ff} und aus sonstigen Kopplungen K

$$V = S \cup E_{ff} \cup K \quad \text{und} \quad \Phi_E : V \rightarrow E.$$

Die Abbildung Φ_E kann im konkreten Fall einer Grenzwertüberschreitung entsprechen, d. h., daß die Signale bzw. Informationen, die über die Kopplung ausgetauscht werden, einen festgelegten Grenzwert überschreiten.

Die Menge E wiederum kann als die Vereinigung der Teilmengen der Sensorereignisse, Effektorereignisse und sonstiger Ereignisse aufgefaßt werden:

$$E = E_s \cup E_e \cup E_{sonst.};$$

Φ_E entspricht in diesem Falle einer Abbildungsfunktion, die aus den Komponenten Φ_s, Φ_e, $\Phi_{sonst.}$ besteht.

Im folgenden sei nur der Fall betrachtet, der durch $E_s \neq \phi$, $E_e = E_K = \phi$ charakterisiert ist, d. h., es sollen nur Ereignisse berücksichtigt werden, die sich aus der Kopplung über Sensoren ergeben: das entspricht praktisch der Situation reiner Überwachung oder Diagnose. Damit ist für die Abbildung Φ_E nur der Zusammenhang $\Phi_E : S \rightarrow E$ interessant. Wird diese Abbildung etwas genauer untersucht, ergibt sich für $\Phi_E : S \rightarrow Y \rightarrow M \rightarrow E$; dabei ist S die Menge der Sensoren $s_i \in S$, $i = 1 \ldots K$, Y ist die Menge der Meßgrößen $y_j \in Y$, $j = 1 \ldots M$, M die Menge der Meßwerte $m_e \in M$, $e = 1 \ldots N$.

Der zum Zeitpunkt t an einer Meßstelle s_i anliegende Meßwert ist $m_e \in M_i$; das Tupel der Meßwerte aller Meßstellen s_i, $i = 1 \ldots K$, ist der Meßwertvektor $m = (m_i)_{i=1 \ldots K} \in \prod_{i=1}^{K} M_i$. Die Abbildung von M auf E enthält eine Klassefikation, der folgende vereinfachende Betrachtung zugrunde liegt: Der Meßwert m_i werde bezüglich eines oberen bzw. unteren Grenzwertes g_i überwacht. Grenzwertüberschreitung an der Meßstelle s_i ist eingetreten, wenn $m_i \gtrless g_i$ ist.

Die Klassifikation der Meßwerte ist als Abbildung darstellbar (Abb. 19), $\Phi_M : M \rightarrow B_K \overset{\text{z. B.}}{=} \{0, 1, 2, 3\}$ mit 0 – „Normalwert", 1 – „gestört", 2 –

„gefährlich", 3 – „Havariewert". Damit ist der Zusammenhang zwischen Meßwert m_i und Ereignis e hergestellt.

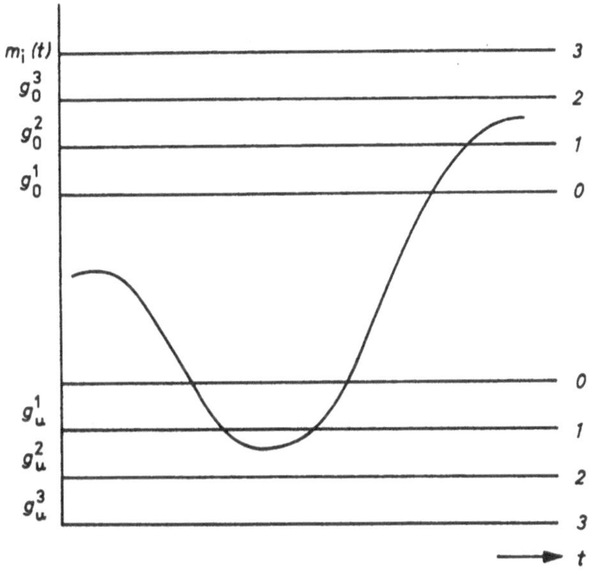

Abb. 19. Klassifikation analoger Meßwerte

Diese Betrachtung ist auch zutreffend, wenn z. B. Meßstellen ausfallen bzw. nicht angeschlossen sind. In diesem Fall ist eine entsprechende Analyse vorzunehmen.

Als Ergebnis dieser Analyse werden die im Ereignisraum experimentell ausbleibenden Ereignisse durch Berechnung belegt.

Nachfolgend wird der Gang einer solchen Analyse skizziert:
Die Menge S der Meßstellen setzt sich zusammen aus

$$S = S_A \cup S_N .$$

S_A – Menge der angeschlossenen Meßstellen, S_N – Menge der nicht angeschlossenen Meßstellen.

Die Menge S_A der angeschlossenen Meßstellen ergibt sich wiederum aus

$$S_A = S_I \cup S_D .$$

S_I – Menge der intakten Meßstellen, S_D – Menge der defekten Meßstellen.

Für S_D gilt schließlich:

$$S_D = S_B \cup S_U ,$$

worin S_B die Menge der bekannten defekten Meßstellen und S_U die Menge der unbekannten defekten Meßstellen bedeutet.
Den zugeordneten Analysebaum zeigt Abbildung 20.

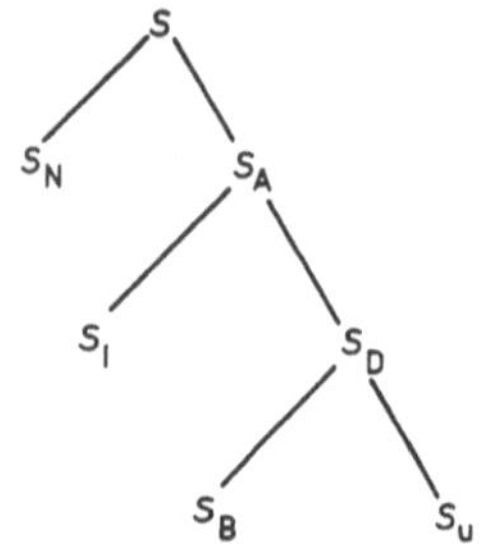

Abb. 20. Analysebaum für die Menge der Sensoren

In der Abbildung $\Phi_M: M \rightarrow B_K$ kann M durch eine beliebige andere informationelle Größe aus dem Spektrum der in Abbildung 16 dargestellten Komponenten ersetzt werden, z. B. Modellparameter der Signalanalyse oder Prozeßanalyse usw. Schließlich ergibt sich die Menge aller Ereignisse E als Vereinigung der das Verhalten des BS charakterisierenden Teilmengen $\{E_i \mid i = 1 \ldots 5\}$.

2.3.3. Eine formale Beschreibung der Störungsanalyse

1. Definition von Prozeßgrößen

Der Zustand des BS werde durch einen Vektor im Zustandsraum charakterisiert:

$$\mathbf{z}(t) = (z_i)_K \in \prod_{i=1}^{K} Z_i = \mathbf{Z},$$

Z – Menge der Zustände und $\mathbf{Z}$ – Menge der Zustandsvektoren.

Weitere Größen sind der Meßgrößenvektor y(t) und der Meßnahmevektor u(t); sie werden definiert durch:

$$\mathbf{y}(t) = (y_j)_m \in \prod_{j=1}^{m} Y_j = \mathbf{Y}, \quad m \leqslant k,$$

Y – Menge der Meßgrößen und $\mathbf{Y}$ – Menge der Meßgrößenvektoren;

$$\mathbf{u}(t) = (u_l)_n \in \prod_{l=1}^{n} U_l = \mathbf{U}, \quad n \leqslant k,$$

U – Menge der Maßnahmen, $\mathbf{U}$ – Menge der Maßnahmevektoren.

Der Zusammenhang zwischen den Prozeßgrößen **z**, **y**, **u** und der Ereignismenge $E_s \cup E_e \cup E_{sonst.}$ wird folgendermaßen hergestellt:

$$z = (e, t) \in Z \subseteq E \times T,$$
$$y = (e_s, t) \in Y \subseteq E_s \times T,$$
$$u = (e_l, t) \in U \subseteq E_l \times T.$$

2. Modellierung des Störablaufs

Ursachen und Folgen von Störereignissen können bestimmt werden, wenn kausale Zusammenhänge zwischen diesen Ereignissen und weiteren Ereignissen innerhalb der Ereignismenge E bekannt sind. Diese Zusammenhänge werden als *Störungsmodell* bezeichnet und können in einen *Ereignisgraphen* G_E dargestellt werden:

$$G_E = (E, K_E, \Phi_E),$$

E – Menge der Knoten bzw. Ereignisse, K_E – Menge der Kanten bzw. der Relationen zwischen den Ereignissen;

Φ_E: $K_E \rightarrow E \times E$ ist eine spezielle Funktion.

Jedem K_E ist damit ein Paar (e_i, e_j) zugeordnet, mit $e_i, e_j \in E$ und e_i präf. e_j (e_i kommt vor e_j oder: e_i präferiert e_j). Damit ist in G_E eine Halbordnung erklärt (s. Abschnitt 2.1.). Störungsanalyse ist demzufolge durch die Ermittlung geordneter Mengen von Störereignissen charakterisiert. Ein Ereignis e_i ist genau dann ein Ursachenereignis von e_j, wenn es sich bei (e_i, e_j) um ein durch Φ_E gebildetes Paar handelt und e_i präf. e_j ist.

Zur Handhabung des Störungsmodells ist eine Zerlegung der Ereignismenge E erforderlich: $E = N \times B$; für ein Ereignis e ergibt sich die Schreibweise $e = (n, \nu)$ mit $\nu \in B$ und $n \in N$, N – Menge der Namen, z. B. n_i = Hochspannung U, B – Menge von Bewertungen, z. B. $\nu \in$ {normal, gestört, gefährlich, Havariewert}.

Die Bewertung ν_j eines beliebigen Ereignisses e_j kann damit aus den Bewertungen aller Ursachenereignisse $\{e_i \mid i = 1(1)I\}$ ermittelt werden

$$\nu_j = f(\nu_1, \nu_2 \ldots \nu_i \ldots \nu_I)_j.$$

Der Zusammenhang zwischen Graph G_E und realem Prozeß sowie dem Modell des realen Prozesses ist aus Tabelle 6 ersichtlich.

Tabelle 6

Zusammenhang zwischen Graph und Prozeß (Modell)

Graph	realer Prozeß
Menge der Knoten	Menge der Ereignisse
Knotenbewertung	Bezeichnung und Bewertung: Name Ereignisklasse eingetreten bzw. nicht eingetreten Operationsvorschriften zur theoretischen Behandlung sonstige Bedingungen
Menge der Kanten	technologische Beziehung
Kantenbewertung	Ereignis e_i steht/steht nicht im Zusammenhang mit e_j

3. Diagnose

Der Diagnose liegt das Störungsmodell G_E zugrunde, das als eine spezielle Struktur über der Ereignismenge E verstanden werden kann. Zu einem Störereignis $e_i \in E$ sei definiert, eine Menge von Ursachen $UR_i \subseteq E$, eine Menge von Wirkungen $W_i \subseteq E$. Die Diagnose ist gegeben, wenn für alle Störereignisse $e_i \in E$ die zugehörigen Mengen $UR_i \subseteq E$ und $W_i \subseteq E$ ermittelt werden. Für die Diagnose in einer geordneten Menge von Ereignissen heißt dies: für $e_i \in E$, wobei e_i in der Ebene „m" liegt, gilt

$$ur_i(1) \text{ präf. } ur_i(2) \text{ präf. } \ldots \text{ präf. } ur_i(\mu_1) \text{ präf. } e_i(m) \text{ präf. } w_i(\mu_2) \text{ präf. } \ldots \text{ präf. } w_i(n)$$

mit $ur_i \in UR_i$ und $1 \leqslant \mu_1 < m$; $w_i \in W_i$ und $m < \mu_2 \leqslant n$,

n – Anzahl der Ebenen von G_E und m – Ebene, in der das Ereignis e_i auftritt. Der hier betrachtete Diagnosevorgang ist als Teilprozeß der in Abbildung 21 dargestellten Prozeßstruktur zu verstehen.

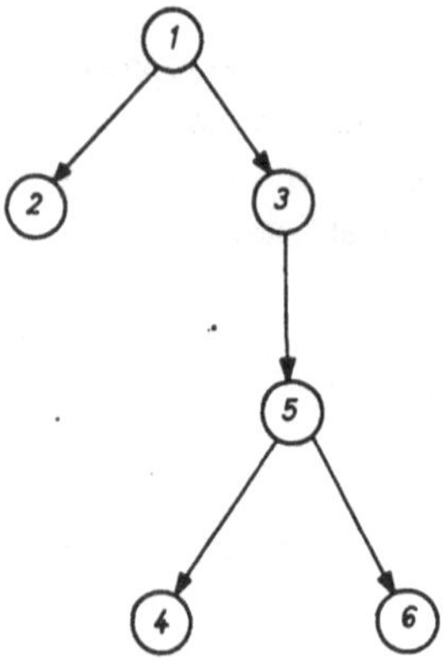

Abb. 21. Diagnosevorgang als Prozeßstruktur
1 – Meßwerterfassung,
2 – Protokollierung,
3 – Transformation $\mathbf{m} \to \mathbf{e}$,
4 – Meßstellenüberwachung,
5 – Analyse des Ereignisvektors (Ursachen, Folgen),
6 – Darstellung der Ergebnisse

4. Therapiesteuerung

Ein gestörter Zustand $\mathbf{z}_A$ soll innerhalb eines Zeitintervalls Δ mittels einer geeigneten Strategie $u \in \mathbf{U}$ in einen Normalzustand $\mathbf{z}_N$ überführt werden. Diese Strategie als Element der Menge möglicher Strategien $\mathbf{U}$ besteht im allgemeinen aus einer zeitlichen Folge von Maßnahmevektoren $u_i(t)$, d. h.

$u = (u_1(t), u_2(t+\delta t) \ldots u_i(t+(i-1)\delta t) \ldots, u_n(t+\Delta))$, mit $0 \leqslant i\,\delta t \leqslant \Delta$ und $i = 1, 2 \ldots n$, n – Anzahl der Steuerschritte, δt – Taktintervall.

Diese Aufgabe läßt sich schreiben:

$$z_N = z(t+\Delta) = G^{Th} \cdot z_A(t).$$

Der Operator G^{Th} wird als Therapieoperator bezeichnet; er ist durch die Abbildung G^{Th}: $U \times \mathcal{Z} \rightarrow \mathcal{Z}$ definiert und läßt sich als Graph darstellen:

$$G^{Th} = (\mathcal{Z}, K_{Th}, \Phi_{Th}), \text{ mit } \Phi_{Th}: K_{Th} \rightarrow \mathcal{Z} \times \mathcal{Z}.$$

$\mathcal{Z}$ enthält die Menge der Normalzustände $\mathcal{Z}_n$.

Die Therapiesteuerung entspricht der Lösung eines Entscheidungsproblems $D = D(z_A, z_N, u)$. Das bedeutet, daß eine Therapiesteuerung nur möglich ist, wenn eine Strategie $u \in U$ existiert, die das Entscheidungsproblem D löst, d. h., das Prädikat „wahr" besitzt; formal ausgedrückt: $\exists\, u \in U\, (P(U, D))$.

Um diesen Sachverhalt aufzulösen, d. h. die Therapiesteuerung schrittweise darzustellen, ist es sinnvoll, eine Art *Zustandsrelation* einzuführen:

$$z(t+\delta t) = G_u\, z(t),\ G_u \text{ – Übergangsoperator;}$$

G_u ist durch die Abbildung

$$G_u: U \times \mathcal{Z} \rightarrow \mathcal{Z} \text{ definiert,}$$

U entspricht der Menge von Maßnahmevektoren. G_u läßt sich ebenfalls als Graph darstellen

$$G_u = (\mathcal{Z}, K_u, \Phi_u) \text{ mit } \Phi_u: K_u \rightarrow \mathcal{Z} \times \mathcal{Z}.$$

Therapieoperator bzw. Übergangsoperator repräsentieren das für die Lösung des Therapiesteuerungsproblems erforderliche Wissen. Der Therapieoperator baut sich über derjenigen Menge an Schritte, die den Übergangsoperator charakterisieren, auf.

Die konkrete Behandlung erfordert die Zuordnung von gestörtem Zustand z_A und geeigneter Therapiestrategie u^{Th}. Dabei ist es sinnvoll, für u^{Th} eine Differenzierung vorzunehmen, gemäß:

$$U^{Th} = U_{symp.} \cup U_{UR} \cup U_W \cup U_{sonst.},$$

$U_{symp.}$ – Menge der Symptomreaktionen, z. B. festverdrahtete Steuerungen wie Schutz- und Verriegelungssteuerungen,

U_{UR} – Menge der Maßnahmen, die durch Ermittlung der Ursachen UR einer Störung ausgelöst werden,

U_W – Menge der Maßnahmen, die notwendig werden, wenn die Menge W der Wirkungen einer Störung ermittelt ist.

In der Regel kann diese Zuordnung den einfachen Katalog, aber auch den intelligenten, interaktiven Problemlösungsprozeß bedeuten.

5. Ein Anwendungsbeispiel [25]

Das nachfolgend betrachtete einfache Beispiel dient der Illustration der bislang beschriebenen Formalismen. Für das konkrete BS wird ein Übergangsgraph G_u

ermittelt, mit dessen Hilfe eine Folge günstiger Steuerschritte (d. h. Therapiesteuerung) realisiert wird, die $z_A(t)$ in $z_N(t')$ überführt. Der Übergangsgraph G_u repräsentiert das für die Lösung des Problems erforderliche Wissen.

Beschreibung von BS und IS

a) Gegeben sei ein (hypothetischer) chemischer Reaktor. Für die Reaktion eines Gemisches der Flüssigkeit A und B sind ein bestimmter Gehalt einer gasförmigen Substanz C und das Einhalten eines bestimmten Temperaturbereiches $\Delta T = T_o - T_u$ erforderlich. Erhebliche Abweichungen von diesen Bedingungen sind für den Reaktor gefährlich.
b) Zur Regulierung des Gasgehaltes ist ein Durchlüfter und für die Einhaltung des Temperaturregimes eine Heizung angebracht.
c) Das IS steuert den Basisprozeß so, daß die Temperatur zwischen T_0 und T_u und der Gasgehalt über einem notwendigen Mindestwert liegen (Normalzustand).
d) Kann das IS den Normalzustand nicht mehr einstellen, dann löst es ein Alarmsignal aus (z. B. rote Signallampe). In diesem Fall übergibt das IS die Steuerung an den Anlagenfahrer, der durch entsprechende Maßnahmen (z. B. Reparatur) den Normalzustand wieder herstellen kann.

Formale Beschreibung

Das BS wird durch den Zustandsvektor $\mathbf{z}(t) = (z_i) \in \Pi\, \mathbf{Z}^k$, $k = 6$, $i = 1, \ldots, 6$ beschrieben, d. h. $\mathbf{z}(t) = (z_1, z_2, \ldots, z_6)$. Dabei ist $z_i = ((\nu_i, n_i)t)$, $\nu_i \in \mathbf{B} = \{0, 1\}$, $n_i \in \mathbf{N}$. Die Zuordnung der Bewertung ν_i und Benennung n_i ist Tabelle 7 zu entnehmen.

Tabelle 7
Zuordnung von Bewertung ν_i und Benennung n_i für den Zustandsvektor $\mathbf{z}$

i	n_i	Zugeordnetes Gerät	$((\nu_i = 0, n_i), t)$	$((\nu_i = 1, n_i), t)$
1	H	Heizung	H aus	H ein
2	T_u	Thermoelement (unterer Grenzwert)	$T \geqslant T_u$	$T < T_u$
3	T_o	Thermoelement (oberer Grenzwert)	$T \leqslant T_o$	$T > T_o$
4	D	Durchlüfter	D aus	D ein
5	C	Sensor für Bestimmung Gasgehalt	C-Gehalt normal	C-Gehalt zu gering
6	L	Signallampe	kein Alarm	Alarm

Der Normalzustand $z_n(t)$ ist charakterisiert durch

$$\forall i (\nu_i = \emptyset).$$

Als Schreibweise für

$$z(t) = ((\nu_1, n_1), t), ((\nu_2, n_2), t) \ldots ((\nu_6, n_6), t)$$

werde vereinfacht

$$\beta_z(t) = (\nu_1, \nu_2, \ldots, \nu_6)$$

verwendet, $\forall n_i$ = const, t stimmt für alle z_i überein.

Da $\nu_i \in \{0, 1\}$, existieren $2^6 = 64$ mögliche Belegungen für $\beta_z(t)$:

(000000), (000001), (000010) ... (111111).

Von diesen 64 Zustandsvektoren entfallen aus technologischen Gründen 33; z. B. ist für den Teilvektor (ν_2, ν_3) nur (00), (01), (10) möglich, (11) existiert nicht. Des weiteren wird $\nu_6 = 1$, wenn die Temperatur oder der C-Gehalt nicht mehr in Richtung der Normalwerte beeinflußbar sind.

Die möglichen Zustände z(t) des BS können im gegebenen Fall in vier Klassen zerlegt werden:

$z_0(t)$ – Normalzustand mit $(\nu_2 = 0 \wedge \nu_3 = 0 \wedge \nu_5 = 0 \wedge \nu_6 = 0)$,
z (t) – Normalzustand, Heizung und Durchlüfter arbeiten mit
$(\nu_2 = 1 \vee \nu_3 = 1 \vee \nu_5 = 1) \wedge \nu_6 = 0$,
z (t) – kein Normalzustand, IS kann in Richtung $z_0(t)$ steuern,
z (t) – Alarmzustand mit $(\nu_6 = 1)$, IS übergibt an Anlagenfahrer.

Der Meßvektor lautet

$$y(t) = (y_j) \in \Pi Y^m, \; m = 3, \; j = 2, 3, 5, \text{ d. h.}$$
$$y(t) = (y_2, y_3, y_5) \text{ mit}$$
$$y_j(t) = ((\nu_j, n_j), t).$$

Die Zuordnung enthält Tabelle 8.

Tabelle 8
Zuordnung von Bewertung ν_j und Benennung n_j für den Meßvektor y

j	n_j	Zugeordnetes Gerät	$(\nu_j = 0)$	$(\nu_j = 1)$
2	T_u	Thermoelement (untere Grenze)	$T \geqslant T_u$	$T < T_u$
3	T_o	Thermoelement (obere Grenze)	$T \leqslant T_o$	$T > T_o$
5	C	C-Gehalt Sensor	C-Gehalt normal	C-Gehalt zu gering

Für den Steuervektor gilt

$$u(t) = (u_l) \in \Pi U^n, \quad n = 3, \quad l = 1, 4, 6$$
$$u_l(t) = ((\nu_l, n_l), t).$$

Die Zuordnung vermittelt Tabelle 9.

Tabelle 9
Zuordnung von Bewertung ν_l und Benennung n_l für Steuervektor u

l	n_l	Zugeordnetes Gerät	(ν_i = 0)	(ν_i = 1)
1	H	Heizung	aus	ein
4	D	Durchlüfter	aus	ein
6	L	Signallampe	aus	ein

Diagnose
Der *Ereignisgraph* $G = [E, K_E]$ hat die in Abbildung 22 dargestellte Struktur.

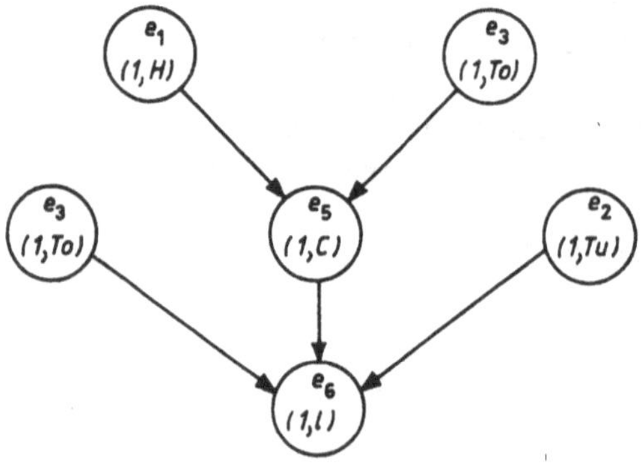

Abb. 22. Ereignisgraph G

Den Zusammenhang zwischen Störereignis e_i, Ursache ur und Wirkung w enthält Tabelle 10.

Tabelle 10
Zusammenhang von Störereignis e_i, Ursache ur und Wirkung w

$ur^{(M-2)}$	$ur^{(M-1)}$	$e_i^{(M)}$	$w^{(M+1)}$	$w^{(M+2)}$
0	0	e_1	e_5	e_6
0	0	e_2	e_6	0
0	$e_1 \vee e_3$	e_5	e_6	0
$e_1 \vee e_3$	$e_3 \vee e_6 \vee e_2$	e_6	0	0

Therapie

Die Aufgabe der Therapiesteuerung besteht darin, z(t) in $z_0(t'')$ zu überführen. Das erfolgt im allgemeinen in mehreren Takten. Dabei wird der jeweils günstigste Steuervektor auf das BS angewandt. Die Menge der möglichen Steuervektoren $B_u(t) = (\nu_1, \nu_4, \nu_6)$ ist

(000), (001), (011), (100), (101), (110), (111).

Der Zusammenhang zwischen z(t), dem jeweils günstigsten Steuervektor **u**(t) und dem neuen Zustand **z**$(t + \delta t)$ ist durch den *Übergangsgraphen* G_u charakterisiert (Abb. 23). Er wird im IS gespeichert. Die Knoten des Graphen entsprechen den Zuständen z(t) des BS, die Kanten den Steuervektoren **u**(t). Die Aufgabe des IS besteht im einzelnen darin, den jeweiligen Zustand z(t) des BS (taktweise) zu ermitteln und den gemäß G_u günstigsten Steuervektor **u**(t) zu realisieren, solange, bis $z_0(t)$ erreicht ist oder, im Falle $(\nu_6 = 1)$, die Steuerung an den Anlagenfahrer zu übergeben.

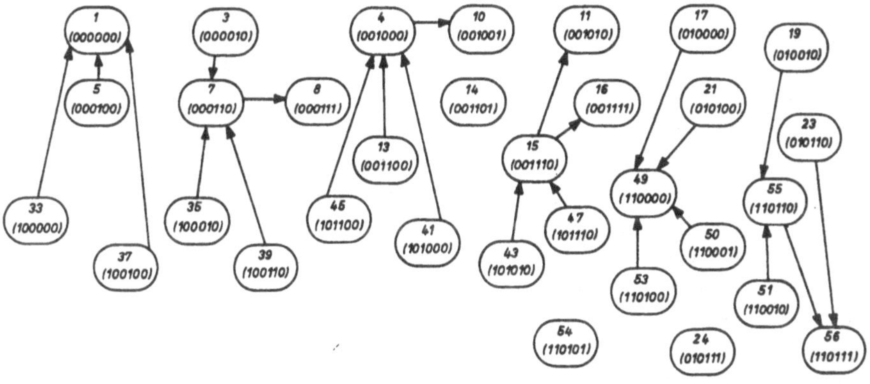

Abb. 23. Übergangsgraph G_u

Die jeweilige Folge (G_i^{Th}), i = 1, ..., L entspricht dem *Therapiegraphen* G^{Th}. Sie liefert die für den Übergang von z(t) nach $z_0(t)$ erforderlichen Therapiestrategien $u_i^{Th} \in U$; z. B. befinde sich das BS zum Zeitpunkt t im Zustand z(t) ≙ (39) (Abb. 24). Die Anwendung des Steuervektors **u**(t) ≙ (0**) führt zu $z(t + \delta t)$ ≙ (7). In Abhängigkeit vom Meßvektor **y** ≙ [1**] bzw. [**0] geht (7) entweder in (5) bzw. in (21) über. Für diese Zustände wird wiederum der gemäß Abbildung 24 geeignete Steuervektor **u** ausgelöst usw., bis $z_0(t + \Lambda)$ = (1) erreicht ist. Daraus ergeben sich u. a. die beiden Strategien

$$u_1^{Th} = ((0**), (*0*)) \quad \text{oder} \quad u_2^{Th} = ((0**), (10*), (0**)).$$

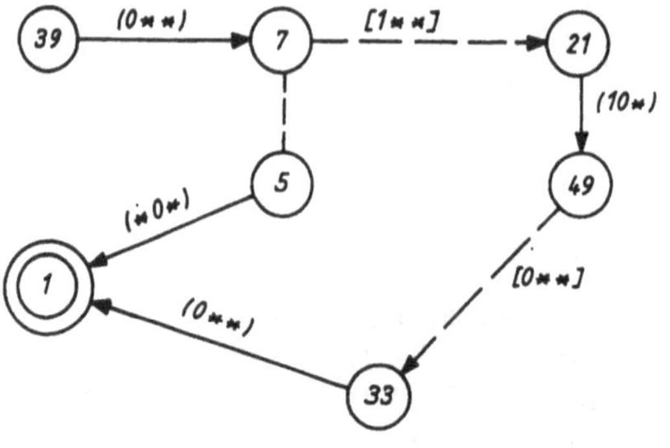

Abb. 24. Therapiegraph für z(t) ≙ 39

Die Darstellung ist zunächst für deterministische Vorgänge repräsentativ. Sie läßt sich für stochastische Vorgänge erweitern, wenn für den Bewertungsvektor β(t) Wahrscheinlichkeiten für das Auftreten der Werte ν, (p(ν) $\leqslant$ 1) berücksichtigt werden.

Es ist naheliegend, den für die Diagnose eingeführten Ereignisgraphen G_E für die Therapiesteuerung zu erweitern. Zu jedem gestörten Zustand z(t) gehört damit ein entsprechender „Therapiegraph" G^{Th}. Dadurch erweitert sich die für die Problemlösung verfügbare Wissensbasis.

Das in [26] beschriebene IS diagnostiziert im on-line-Regime und ermöglicht geeignete Therapiemaßnahmen (off line) durch den Anlagenfahrer.

Die praktische Realisierung eines IS mit beiden Funktionen legt die Verwendung von Entscheidungstabellen (Produktionsregeln) nahe [21].

Das vorgestellte Beispiel ist vereinfacht gewählt und dargestellt, so daß der Formalismus plausibel wird. Die Lösung von Problemen der Therapiesteuerung in komplizierten technologischen Systemen verlangt effektivere Formen der Darstellung und Nutzung von Wissen, d. h. von Methoden und Verfahren der Künstlichen Intelligenz.

3. Analyse von Störungen mit Mitteln der Künstlichen Intelligenz

3.1. Einordnung

Die Notwendigkeit, den Prozeß der Entscheidungsfindung durch den Operateur qualitativ zu unterstützen, hat die Entwicklung spezialisierter, rechnergestützter Störungsanalysesysteme stimuliert. Die bisher bekannten Systeme arbeiten *modellbezogen,* d. h., sie diagnostizieren Störungen anhand vorab explizit definierter Störablaufmodelle. Dem jeweiligen Anwendungsfall entsprechend, geht es in der Diagnose darum, entweder vorwiegend die Folgeerscheinungen bestimmter Ereignisse vorherzusagen, oder deren Ursachen zu bestimmen.

Beim praktischen Einsatz solcher Systeme konnten wertvolle Erfahrungen gesammelt werden. Neben Einsatzfällen, in denen sich die modellbezogenen Verfahren bewährt haben, wurden auch deren Grenzen sichtbar:

1. Alle Störsituationen müssen explizit „vorhergesehen" werden.
2. Der Implementations- und Wartungsaufwand ist erheblich; es ist kompliziert, neue Erkenntnisse über den modellierten Prozeß in ein bereits vorhandenes Modell zu integrieren.
3. Der Diagnoseprozeß selbst verläuft im wesentlichen zustandsunabhängig. Viele Elemente der Diagnose (gültige kausale Beziehungen, Prioritäten usw.) werden tatsächlich jedoch vom jeweiligen Kontext (Zustand) determiniert.

Trotz aller Nachteile in der schnellen und sicheren Ausführung informationeller Prozesse, insbesondere bei großen Datenmengen, verfügt der Mensch über Fähigkeiten, deren Übertragung auf Systeme der rechnergestützten Störungsanalyse eine vielversprechende Möglichkeit ist, um die autonome Entscheidungsfähigkeit dieser Systeme zu erhöhen. Das intelligente Verhalten des Menschen beruht auf zwei grundlegenden Elementen:

1. auf der Nutzung einer umfangreichen Wissensbasis, die prozedurale Anteile (mögliche Operationen, dynamisches Verhalten von Prozessen) und deklarative Komponenten (Fakten über Objekte, Relationen zwischen Objekten) enthält,
2. auf allgemeinen und spezifischen Strategien des Problemlösens.

Auf diese Weise ist der Mensch in der Lage,

1. auch auf nicht vorhergesehene Situationen durch logisches Schließen, d. h. die folgerichtige Anwendung von Wissen, sinnvoll zu reagieren,
2. durch Akkumulation von Wissen (Lernen) seine Fähigkeiten zu erweitern und zu verbessern,
3. mit Hilfe seiner Assoziationsfähigkeit Wissen und Strategien kontextabhängig anzuwenden,

4. Probleme auf unterschiedlichen Abstraktionsniveaus zu lösen.

Die Nachbildung eines solchen intelligenten Verhaltens auf dem Rechner setzt voraus, die grundlegenden kognitiven Prozesse des Menschen zu untersuchen und in geeigneter Form auf den Rechner zu übertragen.

Zur Überwachung und Sicherung komplexer technologischer Prozesse benötigt der Mensch umfangreiches und hochspezialisiertes Wissen. Seine Arbeitsweise wird als wissensbezogen bezeichnet. In der Künstlichen Intelligenz (KI) wird das Ziel verfolgt, automatisierte Systeme auf wissensintensiven Gebieten (also Expertensysteme) bereitzustellen. Die Grundlagenforschung der KI beschäftigt sich mit Fragen der Darstellung und Nutzung von Wissen sowie der Steuerung von Problemlösungsvorgängen durch allgemeine und problemspezifische Strategien. Allerdings muß beachtet werden, daß es gerade in komplexen technologischen Anlagen nicht darum gehen kann, den Menschen (Operateur) völlig zu ersetzen. Vielmehr benötigt er qualitativ verbesserte Hilfsmittel zur Lösung seiner Aufgaben. Es ist von fundamentaler Bedeutung, daß die Ergebnisse der rechnergestützten Störungsanalyse im Zusammenhang mit den vom Menschen ausgeführten Diagnoseprozessen dargestellt und verstanden werden müssen. Der Intelligenzgrad dieser Systeme wird nicht durch ihre Ähnlichkeit zur menschlichen Intelligenz, sondern durch die Art und Weise bestimmt, mit der sie den Problemlösungsprozeß des Menschen unterstützen.

3.2. Modellbezogene Arbeitsweise

3.2.1. Inhalt und Ziele

Zwei wichtige Diagnosetypen sind zu unterscheiden:

1. vorhersagende Diagnose, d. h. on-line Prädiktion von möglichen Folgen zum Zwecke der Schadensfrüherkennung,
2. interpretierende Diagnose, d. h. off-line Analyse des Störablaufs.

Beide Verfahren beruhen darauf, daß dem Diagnosesystem die *kausalen Relationen* zwischen möglichen Störereignissen bekannt sind. Es handelt sich um eine *modellbezogene Störungsanalyse* (model-based), wenn diese kausalen Zusammenhänge in Form eines Störablaufmodells explizit implementiert wurden.

Alle wesentlichen bisher entwickelten Systeme zur Störungsanalyse in komplexen technologischen Anlagen, insbesondere in Kernkraftwerken, arbeiten modellbezogen [4, 5, 6, 81]. In ihrem Entwurf mußte dem aus [69] bekannten Katalog der *globalen Zielstellungen* Rechnung getragen werden. Darin sind folgende Bedingungen spezifiziert:

1. **Prozeßkopplung:** Das System soll nach Möglichkeit im on-line-Betrieb arbeiten, da nur so eine vorhersagende, das Eintreten ernsthafter Störungen vermeidende Analyse möglich ist.

2. **Bedienerkommunikation:** Aus der Sicht der potentiellen Nutzer, des Bedienpersonals, sollte das Störungsanalysesystem voll in das IS zur Prozeßüberwachung und -sicherung integriert sein. Die Ergebnisse der Analyse müssen als Bestandteil der gesamten Informationsmenge, die dem Bedienpersonal in der Warte zur Verfügung gestellt wird, behandelt und ausgegeben werden können.
3. **Echtzeitfähigkeit:** Die Analyse muß im on-line-Modus schneller vonstatten gehen, als sich die Störung im Prozeß ausbreitet, mithin Folgestörungen eintreten.
4. **Alarmbehandlung:** Eine quantitative „Überladung" mit Informationen soll vermieden werden, indem gemäß dynamisch berechneten Prioritäten unwesentliche Alarme ausgefiltert werden. Dieser Vorgang, der auch das Erkennen und Eliminieren falscher Alarme, sowie die Beseitigung redundanter Informationen umfaßt, wird als *alarm-handling* bezeichnet.
5. **Entscheidungsfähigkeit:** Als Ergebnis der Störungsanalyse müssen entweder automatisch oder durch den Bediener Entscheidungen getroffen werden können, die dazu dienen, die betreffende Störung zu beheben. Diesen Entscheidungsprozeß muß die Diagnose qualitativ unterstützen.
6. **Dialogfähigkeit:** Bei Bedarf sollten zusätzliche Informationen durch den Operateur abfragbar sein, um die automatisch angezeigten Ergebnisse zu erklären.
7. **Modellierung:** Die Effektivität der Implementation und die Flexibilität erforderlicher Änderungen am erstellten Modell müssen erhöht werden, indem Werkzeuge bereitgestellt werden, die die Generierung des Modells und spätere Manipulationen unterstützen.

An Hand dieses Katalogs ist es daher möglich, die Leistungsfähigkeit und die Grenzen implementierter Störungsanalysesysteme zu beurteilen.

3.2.2. Modelltypen

1. Fehlerbaum

Es wird von genau einem Störereignis ausgegangen. Dieses soll interpretiert werden, d. h., es ist jene Kombination von *Ereignissen* und allgemeinen *Bedingungen* (statische Prozeßwerte wie Schalterstellungen) gesucht, die dieses Störereignis verursacht haben [86]. Dabei handelt es sich um einen rekursiven Prozeß, der soweit fortgeführt wird, bis die primären Ursachen gefunden sind. Diese werden auch als *spontane Ereignisse* bezeichnet, da es für sie keine erkennbaren Ursachen gibt. Das Resultat ist der sogenannte *Fehlerbaum* (fault tree), dessen Knoten die Ereignisse und Bedingungen repräsentieren. Je nachdem, ob entweder alle Ursachen eines Ereignisses gleichzeitig aktiv sein müssen oder nur mindestens eine, werden diese im Fehlerbaum durch logisches UND bzw. ODER verknüpft.

Abbildung 25 zeigt den Fehlerbaum für ein Notkühlsystem. Die mit Punkt und Bogen versehene Verbindung zweier Kanten stellt eine UND-Verknüpfung dar.

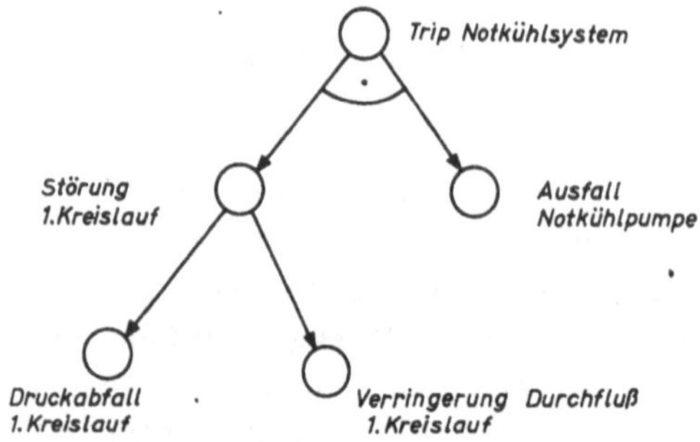

Abb. 25. Fehlerbaum eines Notkühlsystems

Die *allgemeine Fehlerbaumanalyse* wird in [87] als ein vierstufiger Prozeß beschrieben (Abb. 26).

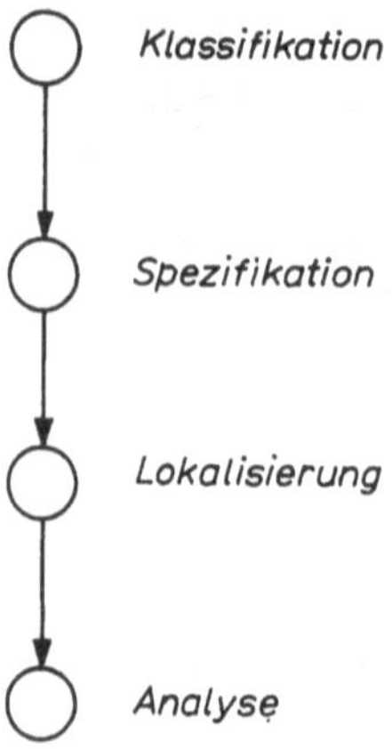

Abb. 26. Fehlerbaumanalyse

a) Eine auftretende Störung wird in Form von *Störungskategorien klassifiziert.* Diese sind so *allgemein* gehalten, daß alle denkbaren Störfälle darin enthalten sind.

b) An Hand der *allgemeinen Arbeitsbedingungen* (Stellung von Schaltern, Ventilen u. a.) werden *mögliche* Ursachen *spezifiziert.* Ein Beispiel dafür enthält Tabelle 11.

c) Unter Berücksichtigung von aktuellen Prozeßwerten wird eine *Lokalisierung* der Störung vorgenommen. Das gestörte physische Teilsystem wird ermittelt.

d) Es wird jener Teil des für die Störung zutreffenden Fehlerbaumes eines Teilsystems bestimmt, der den Störablauf repräsentiert (Hazard Tree).

Allgemeine Störungskategorien können näher spezifiziert werden, indem ihnen, wie in Tabelle 11, mögliche Ursachen zugeordnet werden. Diese sind vorerst jedoch noch sehr allgemein gehalten.

Die *spezielle Fehlerbaumanalyse* beschränkt sich auf den vierten Schritt.

Tabelle 11
Zuordnung von ausgewählten Störungskategorien und Ursachen

Störungskategorie	mögliche Ursachen
Unterbrechung des Stoffflusses	Bruch im Leitungssystem Ausfall von Pumpen geschlossene Ventile Ablagerungen im Leitungssystem
Unterbrechung des Signalflusses	Kabelbruch Kurzschluß Gerätefehler Schalter in falscher Position

Sie ist natürlich leichter durchzuführen. Die Störungsanalysesysteme sind nach ihrem Arbeitsmodus in on-line- und off-line-Verfahren zu unterteilen. Die Fehlerbaumanalyse ist für die *off-line*-Diagnose besonders geeignet, da sie in der Lage ist, den Störablauf, der zu einem bestimmten Ereignis geführt hat, zurückzuverfolgen. Die Fähigkeit der Fehlerbaumanalyse, zwischen einzelnen Ereignissen kausale Relationen sichtbar zu machen, kann zur *Alarmreduktion* benutzt werden.

2. Ereignisbaum

Die on-line-Störungsanalysesysteme müssen mögliche Betriebsstörungen frühzeitig vorhersagen können, damit diese rechtzeitig durch geeignete Therapiemaßnahmen vermieden werden können. Diese prädiktive Arbeitsweise setzt ein *Folgemodell* voraus, in dem für alle denkbaren Störereignisse die daraus resultierenden Folgestörungen modelliert sind. Ein solcher *Ereignisbaum* (event tree) unterscheidet sich vom Fehlerbaum durch den Richtungssinn seiner Kanten. Die Diagnoserichtung stimmt mit den kausalen Ursache-Folge-Relationen überein. Der bereits aus der Abbildung 25 bekannte Störablauf in einem Notkühlsystem ist in Abbildung 27 als Ereignisbaum dargestellt.

3. Ursache-Folge-Modelle

Die bisher eingeführten Modelle sind alternativ nutzbar. Während der Fehlerbaum als *Ursachenmodell* eine Grundlage der interpretierenden Diagnose ist, dient der Ereignisbaum als *Folgemodell* der vorhersagenden Diagnose. Der Unterschied beider Modelltypen liegt im entgegengesetzten Richtungssinn der Kanten, d. h. in der Diagnoserichtung. Eine Kombination beider Methoden ist nötig, wenn das Störungsanalysesystem sowohl die Ursachen als auch die möglichen Folgen von Störereignissen bestimmen soll. Die Kanten solcher *Ursache-Folge-Modelle* sind bezüglich der Diagnose ungerichtet. Auf dem Implementa-

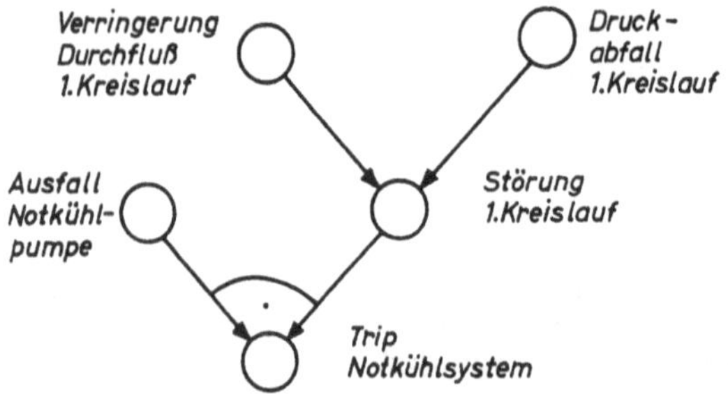

Abb. 27. Ereignisbaum für ein Notkühlsystem

tionsniveau ist es demzufolge erforderlich, sowohl Ursache- als auch Folgeverweise explizit zu speichern. Abbildung 28 zeigt einen *Ursache-Folge-Baum* [6]. Der angegebene Richtungssinn der Kanten repräsentiert ausschließlich technologisch bedingte, kausale Relationen zwischen Ereignissen. Ein allgemeineres, weil auch *nicht-baumartige* Strukturen zulassendes Ursache-Folge-Modell ist der bereits eingeführte Ereignisgraph.

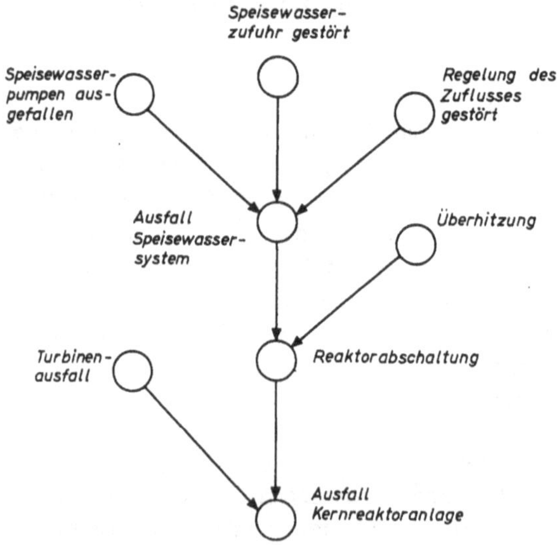

Abb. 28. Ursache-Folge-Baum für ein Speisewassersystem

4. Spezielle Lösungen

Die Ergebnisse einer modellbezogenen Störungsanalyse können natürlich nur so gut sein, wie es gelingt, den realen Störablauf an Hand eines Modells nachzubilden. Komplexe technologische Prozesse bedingen komplizierte, umfangreiche Arbeiten zur Störablaufmodellierung. Besonders wichtig ist es, das Störablaufmodell hinsichtlich neuer Erkenntnisse über den Basisprozeß oder technologischer Veränderungen leicht modifizieren zu können. Die Entwickler der Systeme STAR und PANDA fanden spezielle Lösungen zur rationellen Bewältigung dieser Aufgaben, wie *Ursache-Folge-Tafeln* (cause-consequence-chart) [5]. Diese werden für jedes Ereignis gemäß der in Tabelle 12 wiedergegebenen Struktur aufgestellt.

Tabelle 12
Struktur einer Ursache-Folge-Tafel

natürlichsprachliche Beschreibung
Ereignis-Nr.
assoziierte Nachricht für Bediener
Eigenschaften:
Folgen (max. 4)
logische Verknüpfung der Folgen
logische Verknüpfung der Ursachen

Mit Hilfe von Modellgeneratoren werden die derart erstellten Komponenten zu Ursache-Folge-Diagrammen zusammengefügt bzw. geändert.

Die größere Effektivität der Modellerstellung und -wartung verbindet sich mit der Möglichkeit, die Modellierung auf einem weniger abstrakten, für die Prozeßspezialisten verständlicheren Niveau vorzunehmen.

5. Mini-Fault-Trees

Mini-Fault-Trees bieten eine weitere Möglichkeit zur rechnergestützten Modellerstellung. Ein automatischer Fehlerbaumgenerierungsalgorithmus synthetisiert das Modell aus den *Störungstransferfunktionen einzelner Teilprozesse,* den Mini-Fault-Trees [7, 86, 93]. Die prinzipielle Struktur eines solchen Moduls ist in Abbildung 29 dargestellt.

Die Beschreibung von Ereignissen und Bedingungen erfolgt mit Hilfe von Tripeln der Form: *Physikalischer Parameter, Operator, Wert.* Zur Generierung des Störablaufmodells werden diese Moduln über gleiche physikalische Parameter kausal verknüpft. Auf diese Weise ist es leicht möglich, Teile des Modells auszutauschen, ohne die Funktionsfähigkeit des Störungsanalysesystems zu beeinträchtigen. Die Übertragbarkeit auf andere technologische Prozesse wird begünstigt.

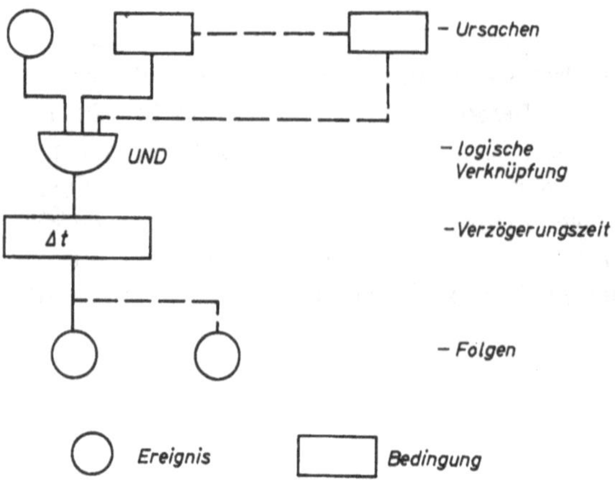

Abb. 29. Mini-Fault-Tree

3.2.3. Analyseverfahren

1. On-line-Systeme

Die im on-line-Modus arbeitenden Störungsanalysesysteme verfügen generell über eine *Dreiebenenarchitektur,* und zwar
1. **Prozeßkommunikation:** Ein System zur *Meßwertgewinnung* und zur *Primärverarbeitung* stellt die Menge der zu analysierenden Ereignisse in der *dynamischen Datenbasis* bereit. Im einzelnen werden ausgeführt:

a) Grenzwertüberwachung analoger Meßgrößen,
b) Sinnfälligkeitstest (z. B. mit Hilfe redundanter Instrumentierung),
c) Tendenzberechnungen (Ereignisse, die sich aus geringfügigen Schwankungen im Grenzwertbereich ergeben, werden ausgefiltert),
d) Filterung nach Prioritäten (statisch einzelnen Ereignissen zugeordnet; in Abhängigkeit vom Prozeßzustand berechnet; aus Tendenzberechnungen abgeleitet),
e) Berechnung nicht direkt meßbarer Werte.

In dieser Ebene werden die praktischen Bewertungen der Ereignisse bestimmt und die weiter zu analysierenden Ereignisse nach Prioritäten geordnet.
2. **On-line-Diagnose:** Das Störablaufmodell wird dem in der Vorverarbeitung bestimmten Bewertungsmuster „überlagert"; es wird *aktiviert.* Die Schadensfrüherkennung bzw. Störablaufanalyse werden durchgeführt, und eine geeignete Therapiesteuerung wird vorgeschlagen. Das Störablaufmodell liegt in Form einer off-line implementierten *Modelldatenbasis* vor.

3. **Bedienerkommunikation:** Die Ergebnisse der Diagnose werden in einem nach ergonomischen Gesichtspunkten gewählten Format im allgemeinen auf einem Farbdisplay ausgegeben. Der Bediener hat so die Möglichkeit, im Dialog weitere Informationen abzufragen. Für eine solche *interaktive Diagnose* ist jedoch ein weiteres Display unabdingbar, damit parallel dazu auch weiterhin die Ergebnisse der on-line-Diagnose automatisch ausgegeben werden können (s. Abb. 30).

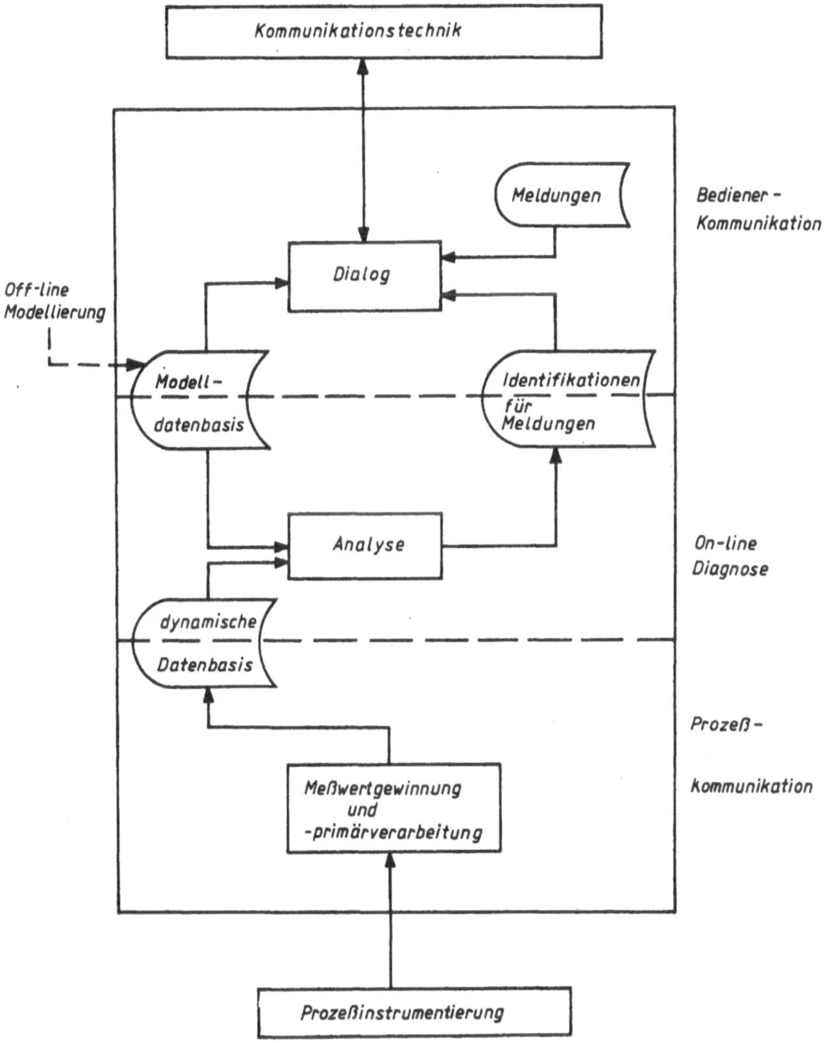

Abb. 30. Dreiebenenarchitektur eines Störungsanalysesystems

2. Off-line-Systeme

Off-line-Störungsanalysesysteme, die eine Störsituation post-mortem interpretieren, müssen die Frage beantworten, wie es dazu kommen konnte und welche Ursachen dafür verantwortlich sind.

Die Lösung dieser Aufgabe ist ein rekursiver Prozeß. An Hand des Fehlerbaums werden für einen *Knoten,* der ein als aktiv bekanntes *Ereignis* repräsentiert, mögliche Ursachen bestimmt. Diese Knoten werden bewertet, indem archivierte Meßwerte untersucht oder Fragen an den Operateur gestellt werden. Der Prozeß wird bis zum Niveau der *spontanen Ereignisse* fortgesetzt. Das Ergebnis ist ein Teilbaum (hazard tree), der nur aktive Ereignisse enthält. Jene Tupel von Primärstörungen, deren Aktivierung *hinreichend* ist um das betrachtete Folgeereignis auszulösen, werden als *minimal cut-sets* bezeichnet.

Ein wichtiges Verfahren in off-line-Störungsanalysesystemen ist die *kontextabhängige Diagnose.* Der Kontext ist durch die allgemeinen Arbeitsbedingungen (z. B. Schalterstellungen, Gerätekonfiguration) im Basissystem bestimmt, während deren Gültigkeit das zu analysierende Störereignis eingetreten ist. Es wird gewissermaßen eine Fotografie des aktuellen Prozeßzustandes zum Zeitpunkt des Analysebeginns angefertigt. Diese Informationen werden benutzt, um ein *kontextspezifisches Störablaufmodell* aus einzelnen Komponenten zusammenzusetzen. Das erleichtert die eigentliche Fehlerbaumanalyse erheblich.

3.3. Wissensbezogene Arbeitsweise

3.3.1 Prinzipielle Grenzen modellbezogener Störungsanalyse

An Hand des im Abschnitt 3.2.1. vorgestellten Katalogs von Bedingungen kann die Leistungsfähigkeit implementierter Störungsanalysesysteme beurteilt werden. Der gegenwärtige Entwicklungsstand erlaubt die folgenden Kommentierungen:

1. Eine on-line-*Prozeßkopplung* ist in den meisten Systemen realisiert. Sofern sie fehlt, besteht kein prinzipielles methodisches Problem. Diese Verfahrensweise liegt in der Absicht begründet, ein auf die post-mortem Analyse spezialisiertes Verfahren zu realisieren.
2. Mit der Entwicklung dezentral verteilter und hierarchisch strukturierter Rechnernetze wurde es möglich, in zunehmendem Maße anspruchsvolle Teilaufgaben wie die on-line-Störungsanalyse in den Komplex der Prozeßüberwachung und -sicherung zu integrieren. Die *Bedienerkommunikation* durchlief einen Wandel von der parallelen Informationsausgabe (konventionelle Warte) zur sequentiellen Bildausgabe auf einer geringen Anzahl von Bildschirmgeräten. Für die Organisation der Informationsausgabe hat es sich als günstig erwiesen, alle anzuzeigenden Bilder nach Themenkomplexen und Detailliertheitsgrad hierarchisch geordnet vom Bediener mit Hilfe von Funktionstastaturen anwählen zu lassen [88].

Gegenüber den ersten beiden Forderungen haben praktische Erfahrungen gezeigt, daß es noch nicht gelungen ist, für die weiteren Positionen des Katalogs zufriedenstellende Lösungen zu finden. Vor einer speziellen Erörterung dieser Punkte seien hier einige Vorüberlegungen angestellt:

a) Der Einfachheit halber sei angenommen, daß die zu analysierenden Meßwerte ausschließlich mit Hilfe einer Menge von n *binären Sensoren* gewonnen werden. (Alle weiteren Aussagen verschärfen sich, wenn analoge Sensoren hinzugezogen werden.)
b) Die Kardinalität der Menge von im Basisprozeß möglichen *Ereignissen* ist mindestens gleich n.
c) Die Kardinalität theoretisch möglicher *Prozeßzustände* ist gleich 2^n.
d) Die Kardinalität der Menge von Ereignissen, die in den betrachteten *komplexen technologischen Anlagen* eintreten können, wird in der Literatur relativ übereinstimmend mit etwa 10^3 bis mehr als 10^4 angegeben.

3. Eines der Motive für die Entwicklung von on-line-Störungsanalysesystemen war, Hilfsmittel für die Analyse von dynamisch und schnell sich ausbreitenden Störprozessen bereitzustellen. Charakteristisch für solche Prozesse ist, daß pro Arbeitszyklus des Analysesystems (entsprechend der Abtastfrequenz von Meßwerten) eine große Anzahl von Ereignissen eintreten kann. Die Anzahl der schritthaltend analysierbaren Ereignisse im Basisprozeß ist ein Maß für die *Echtzeitfähigkeit* eines Informationellen Systems. Erfahrungen mit diversen Störungsanalysesystemen haben gezeigt, daß mit einer modellbezogenen Analyse zwar eine verbesserte, aber keine vollständige Lösung dieses Problems erreichbar ist. Um eine schritthaltende Analyse der Ereignisse zu gewährleisten, muß deren Anzahl während der Primärverarbeitung durch einen Filter eingeschränkt werden. Bisher implementierte Verfahren beinhalten, die Ereignisse nach Prioritäten zu ordnen. Der Ansatz, diese Prioritäten statisch zuzuordnen, ist jedoch technologisch nicht adäquat. Vom aktuellen Prozeßzustand hängt es ab, welche Folgen ein Ereignis auslösen kann. Demzufolge müssen die Prioritäten dynamisch berechnet werden. Versuche, dieses Problem durch quantitative, numerische Berechnungen zu lösen, führten nicht zum Ziel. Der Mangel an qualitativen Lösungsmethoden ist prinzipieller Natur und daher kaum zu beheben.
4. Die Ergebnisse der automatischen Diagnose werden an den Operateur ausgegeben. Da dessen Aufnahmefähigkeit begrenzt ist, muß das Störungsanalysesystem die Anzahl der auszugebenden Meldungen quantitativ reduzieren. Die *Alarmbehandlung* und die Filterung von Ereignissen sind analoge Probleme. Numerische Verfahren eignen sich nicht dazu, die Abhängigkeit vom aktuellen Prozeßzustand ausreichend zu berücksichtigen [95]. Der Zustandsraum, d. h. die Menge möglicher Prozeßzustände, ist zu umfangreich (2^n)! Ein erster qualitativer Lösungsansatz ist die hierarchische Ordnung der Ausgabemenge. Nicht

automatisch ausgegebene Informationen sind nicht verloren; sie können bei Bedarf zusätzlich interaktiv abgefragt werden.

5. Die Menge der möglichen Prozeßzustände (2^n Elemente) kann in normale und gestörte Zustände unterteilt werden. In komplexen technologischen Anlagen sind im allgemeinen beide Teilmengen sehr groß. Die *Entscheidungsfähigkeit* eines Störungsanalysesystems drückt sich darin aus, in welchem Umfang gestörten Prozeßzuständen Folgen von Therapiemaßnahmen zugeordnet werden können, die den gestörten Zustand in geeigneter Weise in einen normalen Zustand zurückführen. Für eine geringe Anzahl vorhersehbarer Störsituationen kann diese Aufgabe durch die Zuordnung des gestörten Zustandes zur Therapiesteuerung gelöst werden. In allen anderen Fällen muß die Therapiesteuerung dynamisch bestimmt werden. In komplexen technologischen Anlagen ist aber nicht nur die Menge möglicher Prozeßzustände sehr umfangreich, sondern dem Bediener steht auch eine Vielzahl von Einzelmaßnahmen zur Verfügung, um auf den Basisprozeß einzuwirken. Eine Therapiesteuerung ist eine geordnete Folge von Elementen aus der Menge dieser Einzelmaßnahmen. Der Aufwand, eine geeignete Folge zu finden, wächst mit der Anzahl der Kombinationsmöglichkeiten. Der Aufwand, eine Therapiesteuerung zu bestimmen, wächst exponentiell in Abhängigkeit von der Kardinalität der Menge von Einzelmaßnahmen, wenn dieses Problem mit den bisher allgemein üblichen, systematisch alle Möglichkeiten probierenden Methoden gelöst werden soll. In komplexen technologischen Anlagen ist dieser Aufwand, der sich in der für das Treffen einer Entscheidung notwendigen Rechenzeit ausdrückt, so hoch, daß hier nach prinzipiell neuen Wegen gesucht werden muß.

6. Der entscheidende Wert der Mensch-Maschine-Kommunikation ist relativ früh erkannt worden. Die *Dialogfähigkeit* der Störungsanalysesysteme wurde durch Einbeziehung ergonomischer Gesichtspunkte bei der Kodierung und Darstellung der auszugebenden Informationen sowie durch geeignete Organisation des Informationsaustausches zwischen Mensch und Maschine erheblich verbessert. Es ist das Ziel der weiteren Entwicklung, die Gestaltung des Dialogs noch umfassender den spezifischen Fähigkeiten des Menschen anzupassen. In letzter Konsequenz heißt das, die Kommunikation zwischen Mensch und Maschine in natürlicher Sprache anzustreben.

7. Die modellbezogene Störungsanalyse setzt die adäquate *Modellierung* der kausalen Relationen zwischen den Ereignissen im Basisprozeß voraus. Der Prozeß der Fehlerfortpflanzung ist ereignisgesteuert. Gleichermaßen ist aber die Tatsache zu berücksichtigen, daß die Folgen eines Ereignisses vom jeweils aktuellen Prozeßzustand abhängen. Im Störablaufmodell wird das durch die logische Verknüpfung von Ursachen ausgedrückt. Für n Ereignisse existieren unter den gemachten Voraussetzungen 2^n Zustände. Damit wird verständlich, daß diese Modelle den Störablauf in komplexen technologischen Anlagen

nicht vollkommen widerspiegeln können. Auch der Modellierungsaufwand wächst exponentiell mit der Komplexität des Basisprozesses.

In implementierten Systemen wird der Modellcharakter dieses Verfahrens deutlich. Es werden nicht alle, sondern nur einige wesentliche Seiten der Realität widergespiegelt. Damit eine Störung ohne Einschränkungen analysiert werden kann, muß sie vorhergesehen und explizit im Störablaufmodell definiert worden sein. Trotz dieser prinzipiellen Schwächen haben sich modellbezogen arbeitende Störungsanalysesysteme in der Praxis in vielen Fällen bewährt. Es ist bereits von großem Nutzen, wenn besonders schwerwiegende oder häufig eintretende Störungen zutreffend analysiert werden. Eine nach diesen Gesichtspunkten getroffene Auswahl einer Teilmenge von Störungen ist jedoch, wie die praktischen Erfahrungen gezeigt haben, immer unvollkommen und fehlerbehaftet. Neue Erkenntnisse müssen sich demzufolge effektiv in ein modifiziertes Modell umsetzen lassen. Das ist durch eine Modularisierung der Modelldatenbasis möglich. Die Ausgangsqualität des implementierten Modells kann verbessert werden, wenn es von den Prozeßanalytikern auf eine möglichst natürliche Weise, z. B. in verbaler Form, erstellt werden kann. Damit wird überdies die Transparenz des implementierten Modells für andere Prozeßspezialisten erhöht.

3.3.2. Spezifische kognitive Leistungen des Menschen

Das Motiv für die Entwicklung modellbezogener Störungsanalysesysteme war, daß sich das Bedienpersonal der zunehmend komplizierter werdenden technologischen Anlagen, den Anforderungen, immer kompliziertere Entscheidungen in sehr begrenzten Zeitintervallen treffen zu müssen, nicht mehr gewachsen zeigte. Nachdem sich herausstellte, daß auch den rechnergestützten, modellbezogenen Verfahren prinzipielle Grenzen gesetzt sind, erscheint es zunächst unlogisch, ausgerechnet den Menschen als Vorbild für qualitativ neue Verfahren zu wählen. Doch eine genauere Betrachtung der Schwächen der Informationsverarbeitung durch den Menschen beweist, daß diese nicht funktioneller, sondern physischer Natur sind. Die informationellen Prozesse, die die Aufnahme, den Transport und die Verarbeitung von Signalen ermöglichen, verlaufen mit relativ geringer Geschwindigkeit. In Tabelle 13 sind Untersuchungsergebnisse dazu zusammengestellt [95].

Tabelle 13
Ausführungsgeschwindigkeit informationeller Prozesse durch den Menschen

	Signalaufnahme	einfache Entscheidungen	komplizierte Entscheidungen
benötigte Zeit	etwa 10^{-1} s	1 bis 2 s	mehr als 10 s

Ein weiterer, die kognitive Leistungsfähigkeit des Menschen einschränkender Faktor ist dessen Ermüdbarkeit. Dennoch ist es erstaunlich, daß die Aufgaben der Störungsanalyse in weniger komplizierten Anlagen ausschließlich und erfolgreich vom Menschen wahrgenommen werden können. Selbst aus rechnergestützten Störungsanalysesystemen ist die Komponente Mensch nicht wegzudenken. Sie sind Mensch-Maschine-Systeme, in denen dem Menschen sowohl bei der Diagnose als auch bei der Bestimmung einer geeigneten Therapiesteuerung wesentliche Aufgaben zufallen. Diese Tatsachen sind nur dadurch zu erklären, daß die informationellen Prozesse im menschlichen Gehirn zwar schlechter *ausgeführt,* dafür aber besser *organisiert* werden, als das in einem Automatisierungssystem der Fall ist. Es erscheint somit sinnvoll, die Leistungsfähigkeit der Störungsanalysesysteme dadurch zu erhöhen, daß die Vorzüge der modernen Computertechnik mit den kognitiven Fähigkeiten des Menschen verknüpft werden. Dafür ist die Beantwortung von zwei Fragen unbedingt notwendig.

1. Welche kognitiven Leistungen des Menschen sind für eine Nachbildung durch die Maschine von besonderem Interesse?
2. In welcher Form können sie auf die Rechentechnik übertragen werden?

Der Beantwortung der ersten Frage diene eine gewiß unvollständige Zusammenstellung spezifischer kognitiver Fähigkeiten des Menschen:

1. Der Mensch verfügt über ausgeprägte Fähigkeiten der *assoziativen Mustererkennung.* Eine beliebige Situation (ein Zustand) wird nicht durch die sequentielle Analyse einzelner Komponenten, sondern mit Hilfe paralleler Prozesse erkannt. Der Grund dafür ist darin zu suchen, daß der menschliche Intellekt *ganzheitlich* aufnimmt und verarbeitet. Die Lösung aller weiteren, zustandsabhängigen Probleme erfolgt in dem auf diese Weise gebildeten Zusammenhang.
2. Die Denkoperationen des Menschen sind nicht numerischer, sondern *logischer* Natur. Die quantitative wird durch eine *qualitative Informationsverarbeitung* ersetzt. Aus einer Vielzahl einzelner Ausgangsinformationen werden *allgemeine* und *abstrakte Schlußfolgerungen* gezogen.
3. Die Lösung von Problemen erfolgt durch *logisches Schließen,* durch *zielorientiertes Planen* oder aus der Kenntnis der Lösung *analoger* Probleme.
4. Der Mensch ist in der Lage, auch Probleme zu lösen, mit denen er bislang nicht unmittelbar zu tun hatte. Dazu wendet er das ihm zur Verfügung stehende *Wissen* auf die jeweilige Situation (den aktuellen Zustand) an. Diese Nutzung einer im Langzeitgedächtnis gespeicherten *Wissensbasis* für Icgische Denkoperationen wird als *wissensbezogene* Arbeitsweise bezeichnet. Die gegebene *hierarchische* Strukturierung der Wissensbasis bedingt, daß auch die Lösung von Problemen – hierarchisch strukturiert – auf verschiedenen *Abstraktionsstufen* ausgeführt wird.
5. Eine der wichtigsten Fähigkeiten des Menschen ist die des *Lernens.* In

ihrer einfachsten Form kann sie als Akkumulation von Wissen aufgefaßt werden. Das erfordert, daß die Wissensbasis *modular* aufgebaut ist.

6. Für die Lösung eines gegebenen Problems ist nie die gesamte Wissensbasis, sondern lediglich eine zustandsspezifische Teilmenge von Nutzen. Deswegen erfolgt eine *Indexierung* des Wissens. Die Präzision dieses Vorgangs beeinflußt, wie effektiv das Problem gelöst werden kann.
7. Im allgemeinen sind auf eine gegebene Situation (einen Zustand) mehrere Komponenten der modular aufgebauten Wissensbasis gleichzeitig anwendbar. Deren Auswahl und ihre konkrete Anwendung auf das Problem wird durch *Strategien* realisiert.
8. Erweist sich das Wissen eines Menschen für ein bestimmtes Problem als nicht ausreichend, so kann der Vorgang des Problemlösens *konsultativ* mit anderen Wissensträgern, z. B. in Kooperation mit anderen Menschen, fortgesetzt werden.

Die Gesamtheit dieser kognitiven Fähigkeiten wird gemeinhin als *Intelligenz* bezeichnet. Es ist das Ziel der *Künstlichen Intelligenz* (KI) eines Teilgebietes der Informatik, welches sich seit seiner Begründung durch MCCARTHY, NEWELL u. a. im Jahre 1956 rasch entwickelt hat, diese Fähigkeiten schrittweise auf Computer zu übertragen [39, 40].

Die Vorgehensweise in der KI ist gegenwärtig weithin noch durch die Empirie bestimmt. Es werden *Probleme gewählt,* die nach allgemeinen Maßstäben nur mit Hilfe der Intelligenz lösbar sind, z. B. Computerprogramme schreiben oder Schaltkreise analysieren. Aus der Menge der Konzepte und Methoden der KI werden jene ausgewählt, deren Anwendung auf das betreffende Problem besonders vielversprechend erscheint. Nach ihrer Umsetzung in ein lauffähiges Computerprogramm wird geprüft, inwieweit das entwickelte System *intelligentes Verhalten* bei der Lösung praktischer Probleme nachweisen kann. Ein solches Vorgehen ist ein Indiz für den Mangel an einer einheitlichen Theorie der Intelligenz. Gegenwärtig wird insbesondere nach *allgemeinen Verhaltensmodellen* im Sinne der Kybernetik gesucht [39].

3.3.3. Ein Ansatz für intelligentes Problemlösen

In der Zusammenstellung spezifischer kognitiver Fähigkeiten des Menschen erwies sich der Begriff des Problemlösens als besonders bedeutsam. Darunter kann die Suche nach einem Modell für intelligentes Verhalten verstanden werden, als ein Versuch, „intelligentes Problemlösen" formal nachzubilden. Eine Arbeitshypothese möge als erster Ansatz dazu dienen.

1. Die erste Frage, die in diesem Zusammenhang gestellt werden muß, lautet: Was sind Probleme? Ohne diese Frage bis in das letzte Detail diskutieren zu wollen, sei bemerkt, daß es sich dabei sicher um eine informationelle Kategorie handelt. Probleme existieren nicht an sich, sondern nur inner-

halb eines realen Umfelds, z. B. eines technologischen Prozesses. Ein informationelles System legt fest, welches Problem zu einem bestimmten Zeitpunkt t_i zu lösen ist. Was ein Problem ist, kann nicht vom realen Umfeld losgelöst betrachtet werden. Mögliche Beispiele für technologische Probleme sind:

a) Feststellung eines aktuellen Zustandes z_i zum Zeitpunkt t_i,
b) Beschreibung der dynamischen Entwicklung von Ursachen,
c) gezielte Überführung von z_i in einen anderen Zustand.

2. Ein Informationelles System kann Probleme nur dann lösen, wenn es über ein adäquates Abbild der realen Verhältnisse verfügt. Dieses Abbild wird als *Weltmodell* bezeichnet. Darin ist *deklaratives* und *prozedurales Wissen* enthalten.

a) Die *deklarative Wissensbasis* enthält Beschreibungen jener *Objekte,* deren Auftreten für das betrachtete Umfeld charakteristisch ist, dies in Form typischer *Merkmale* dieser Objekte, logischen und numerischen *Beziehungen zwischen* den *Werten* einzelner Merkmale sowie *Relationen zwischen* diesen *Objekten.*
b) Die *prozedurale Wissensbasis* enthält die *Operatoren,* mit denen der aktuelle Zustand des Weltmodells verändert, in einen anderen Zustand überführt, wird. Kausale und hierarchische Relationen zwischen Zuständen sind in diesem Sinne den Operatoren gleichzusetzen.

3. Die Definition des Weltmodells kann explizit in der Form eines Zustandsgraphen $\mathcal{Z}$ erfolgen. Es gilt:
$\mathcal{Z}$ = $[Z, OP, \Phi_z]$,
Z – Menge möglicher Zustände (Trägermenge des Graphen),
OP – Menge der Operatoren (Kantenmenge),
Φ_z – Menge der Kopplungsrelationen (Inzidenzfunktion).
Für jeden Zustand sind durch die Kopplungsrelationen *explizit* jene Operatoren bekannt, über die dieser mit anderen Zuständen verknüpft ist. Probleme werden durch die Suche von Wegen im Zustandsgraphen gelöst [40].

4. Eine explizite Definition des Zustandsgraphen ist für komplexe, zur Lösung Intelligenz erfordernde Probleme nicht möglich. Der Zustandsgraph wird *implizit* durch die Menge der Operatoren OP' und eine dynamisch verwaltete Zustandsmenge ZD beschrieben: $\mathcal{Z}$ = [ZD, OP'].

Die Operatoren werden durch eine Struktur, bestehend aus einem *Bedingungsteil* und einem *Aktionsteil,* definiert. Im Bedingungsteil werden diejenigen Zustände, auf die der Operator anwendbar ist, explizit durch Aufzählung oder implizit durch logische Prädikate beschrieben. Der Aktionsteil beschreibt die Funktion des Operators, d. h. welcher Folgezustand durch die Anwendung des Operators generiert wird.

5. Der Initialzustand von ZD (vor Beginn der Lösungssuche) beschreibt gemeinsam mit der vorgegebenen Suchrichtung das gestellte Problem (Tabelle 14):

Tabelle 14
Beschreibung von Problemen

Suchrichtung	$ZD = \{z_0\}$	$ZD = \{z_0, Z_z\}$
vorwärts	Es wird eine *Vorwärtsdeduktion* durchgeführt. Die aus einem gegebenen Zustand z_0 erreichbaren Zustände werden bestimmt.	Es wird ein Weg *geplant,* wie ein Zielzustand $z_z \in Z_z$ aus z_0 erreicht werden kann.
rückwärts	Es wird eine *Rückwärtsdeduktion* durchgeführt, die erklären soll, wie es zu einem gegebenen Zustand z_0 gekommen ist.	Es soll *bewiesen* werden, daß ein Zustand z_0 aus einer Menge von Zuständen Z_z erreichbar ist.

Während der Lösung von Problemen mit der Suchrichtung rückwärts werden die *Operatoren invertiert* angewendet. Probleme, die nur durch einen *Ausgangszustand* z_0 definiert wurden, werden *Weg-Ziel-Suche*-Probleme genannt und durch *logisches Schließen* gelöst. Wurde das Ziel bereits mit einer explizit durch Aufzählung oder implizit durch einschränkende Bedingungen definierten Menge von Zielzuständen festgelegt, dann handelt es sich um *Weg-Suche*-Probleme [41]. Schließlich wird ein *Lösungsplan* (Weg) aufgestellt.

6. Die *prozedurale Wissensbasis* ist im Falle eines implizit definierten Zustandsgraphen konsequent *modular* aufgebaut. Die Anwendung eines darin enthaltenen Operators ist das Resultat eines dreistufigen Prozesses (Abb. 31).

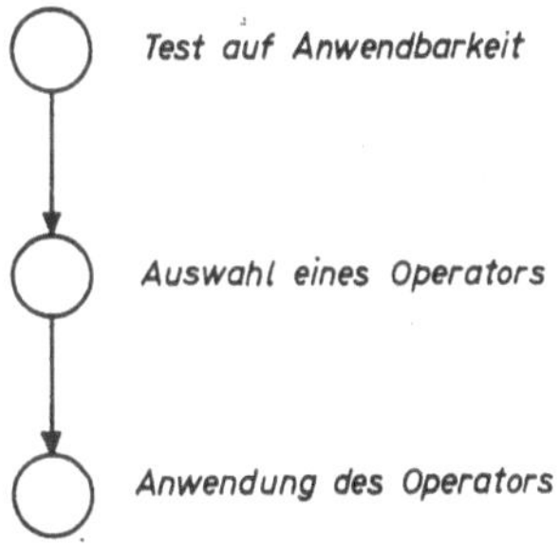

Abb. 31. Generierung eines Folgezustandes

Die Menge der auf einen aktuellen Zustand anwendbaren Operatoren wird durch einen Vergleich des aktuellen Zustandes mit den Bedingungen für die *Anwendbarkeit* der einzelnen Operatoren bestimmt. Die anwendbaren Operatoren bilden die *Konfliktmenge.* Aus dieser Menge wird *ein* Element (Operator) ausgewählt. Der ausgewählte Operator wird entsprechend seines Aktionsteiles auf den aktuellen Zustand *angewendet.*

7. Der Prozeß der Problemlösung ist mit der fortgesetzten Generierung von Folgezuständen verbunden. Nacheinander generierte Zustände bilden einen *Weg*. Werden mehrere Wege verfolgt, dann ergibt sich ein *Suchbaum*. Seine Knoten bilden gemeinsam mit den das Problem beschreibenden Knoten (entsprechend dem Problemtyp) die dynamisch verwaltete Zustandsmenge ZD. Solche informationellen Prozesse, die entscheiden, für welchen Zustand des Suchbaumes anwendbare Operatoren bestimmt werden sollen, welcher Operator aus der Konfliktmenge angewendet wird, und die die dynamische Zustandsmenge ZD verwalten, werden *Strategien* genannt.

Systeme, die Probleme auf die beschriebene Weise lösen, können in drei voneinander getrennte Teilsysteme gegliedert werden (Abb. 32).

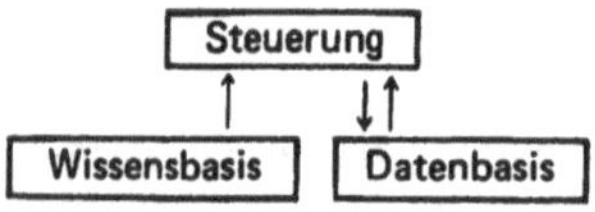

Die Steuerung enthält die für die Lösung des Problems benötigten Strategien

Die Wissensbasis enthält prozedurales und deklaratives Wissen.	Die dynamische Datenbasis enthält die Zustandsmenge ZD.

Abb. 32. Struktur eines wissensbezogenen Systems

Die Steuerung „befragt" die Wissensbasis des Systems nach jeder ausgeführten Operation nach Möglichkeiten, wie auf den aktuellen Zustand, der in der dynamischen Datenbasis enthalten ist, reagiert werden kann. Eine solche Arbeitsweise wird als *wissensbezogen* bezeichnet. Sie ist die Grundlage für *intelligentes Verhalten*. In der Psycholinguistik wurde für Intelligenz das Modell eines *symbolverarbeitenden Prozessors* mit begrenzten rechentechnischen Ressourcen eingeführt, der von *abstrakten grammatischen Regeln* gesteuert wird [42]. Diese Definition stimmt mit der entwickelten Arbeitshypothese überein. Strategien sind abstrakte grammatische Regeln. Das Wissen wird modular und in symbolischer Form implementiert. Wissensbezogene Systeme verarbeiten Symbole, weswegen zu ihrer Implementierung spezielle Programmiersprachen benötigt werden, z. B. LISP und PROLOG.

3.3.4. Merkmale wissensbezogener Systeme

Der Ausgangspunkt für die Ausarbeitung einer Arbeitshypothese für intelligentes, wissensbezogenes Verhalten ist die Tatsache, daß der Leistungsfähigkeit modellbezogen arbeitender Störungsanalysesysteme prinzipielle Grenzen gesetzt sind. Diese Grenzen sind in der Arbeitsweise dieser Systeme begründet. Es handelt sich um algorithmische Systeme (ALS). Der Steuerfluß, d. h. die Abfolge aller auszuführenden Aktionen in bestimmten Zuständen, ist fest determiniert.

Wissensbezogen arbeitende Systeme (WS) weisen gegenüber algorithmischen

Systemen methodische Vorteile auf. Diese Aussage belegt eine Gegenüberstellung wesentlicher Merkmale von WS und ALS in Tabelle 15.

Tabelle 15
Merkmale von algorithmischen (ALS) und wissensbezogenen (WS) Systemen

WS	ALS
Weltmodell	
Der Zustandsgraph ist durch eine Menge von Operatoren implizit definiert, deren Anwendbarkeitsbedingungen in den Operatoren selbst enthalten sind.	Der Zustandsgraph ist explizit definiert. Alle möglichen Zustände und die Relationen zwischen diesen Zuständen werden endgültig während der Implementierung festgelegt.
Steuerfluß	
Der Steuerfluß ist implizit. Erst per Laufzeit wird bestimmt, welcher Operator auf einen gegebenen Zustand anzuwenden ist. Damit kann dann auch auf nicht vorhergesehene Situationen durch logisches Schließen sinnvoll reagiert werden	Der Steuerfluß ist explizit. Nach der Implementierung steht endgültig fest, wie auf jede beliebige Situation zu reagieren ist. Dadurch ist es nicht möglich, unerwarteten Situationen sinnvoll zu begegnen.
Wissensbasis	
Das gesamte Wissen ist in einer separaten Wissensbasis abgelegt. Sie wird nach jeder Operation wieder konsultiert. Die Arbeitsweise ist wissensbezogen. Änderungen der Wissensbasis werden durch deren Modularität ermöglicht. Das Wissen ist explizit definiert.	Das zur Lösung von Problemen nötige Wissen ist im System versteckt. Es ist implizit. Änderungen werden dadurch sehr erschwert.
Implementation	
WS sind symbolverarbeitende Systeme. Auf diese Weise werden sowohl deren Transparenz als auch deren Implementation erleichtert.	In ALS werden vorwiegend Zahlen verarbeitet.

Die praktische Bedeutung der WS ist im Vergleich zu den ALS gegenwärtig noch gering. Dafür sind verschiedene Ursachen zu nennen:

1. Die Thematik „Künstliche Intelligenz" wurde lange Zeit nicht von einem

pragmatischen, sondern von einem „wissenschaftsideologischen" Standpunkt aus diskutiert. Das führte zu *Akzeptanzproblemen.*

2. Die wissensbezogenen Methoden des Problemlösens und die für deren Implementation geeigneten Programmiersprachen stellen hohe Anforderungen an die Leistungsfähigkeit der *Rechentechnik.* Diese Anforderungen konnten bis vor kurzem noch nicht kostengünstig erfüllt werden, um eine weite Verbreitung der WS zu ermöglichen.
3. Die weitere Verbreitung methodischer Grundkenntnisse der KI wird noch heute durch den Mangel an einer *einheitlichen Theorie* erschwert.
4. Die *Implementierung* des WS erwies sich als äußerst aufwendig. Gegenwärtig wird eingeschätzt, daß allein für die Definition der Wissensbasis ein außerordentlich hoher Aufwand erforderlich ist.

Zur Zeit sind international rasche Fortschritte zu beobachten. Sie werden ermöglicht durch

1. die Entwicklung geeigneter Hardware (LISP-Maschinen, leistungsfähige Kleinrechner),
2. die Bereitstellung von Softwaretools zur Definition und Verwaltung von Wissensbasen, Entwicklung von Spezialsprachen (PLANNER, CONNIVER, FUZZY, PROLOG, FRL, KRL, QLISP . . .),
3. erste praktische Anwendungen, die die Leistungsfähigkeit von KI-Systemen nachweisen.

3.4. Allgemeine Strategien des Problemlösens

3.4.1. Vorbemerkungen

Ein Problem wird durch die Suche nach Wegen in einem implizit definierten Zustandsgraphen gelöst. Diese Aufgabe kann auch von algorithmischen Systemen wahrgenommen werden, die einen explizit definierten Zustandsraum systematisch absuchen. Diese Suche geschieht *deterministisch.*

Demgegenüber erfolgt die Auswahl der Zustände und Operatoren bei der *nicht-deterministischen Suche* rein *zufällig.* Die Verwaltung des Zustandsraumes ZD ist nicht näher spezifiziert. Die Operatoren werden *irreversibel* angewendet. Es handelt sich um ein *blindes* (nicht-informiertes) Suchverfahren.

Die Suche kann systematisiert werden, wenn die Auswahl der Operatoren und Zustände nach einem willkürlich festgelegten, gleichbleibenden Schema vor sich geht. Hierbei werden zwei extreme Spezialfälle unterschieden:

1. **Breite-Zuerst**

Auf jeden generierten Zustand werden jeweils *alle möglichen* Operatoren angewendet. Potentielle Lösungswege gehen nicht verloren. Die dynamische Verwaltung des Zustandsraumes ist sehr aufwendig, da eine Vielzahl von Wegen parallel untersucht wird. In großen Zustandsräumen entsteht eine *kombinatorische Explosion* (Abb. 33).

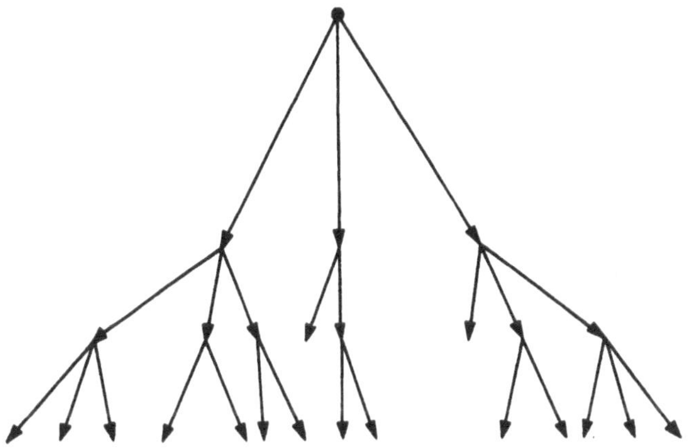

Abb. 33. Breite-Zuerst-Suche

2. **Tiefe-Zuerst**

Der *erste anwendbare* Operator wird benutzt, um einen Folgezustand zu produzieren. Der jeweils zuletzt generierte Zustand wird zum Ausgangspunkt für die weitere Suche. Es handelt sich um einen reinen rekursiven Prozeß, der nur dann zum Ziel führt, wenn zufällig in jedem erreichten Zustand der erste anwendbare Operator gleichzeitig ein auf einem Lösungspfad liegender ist.

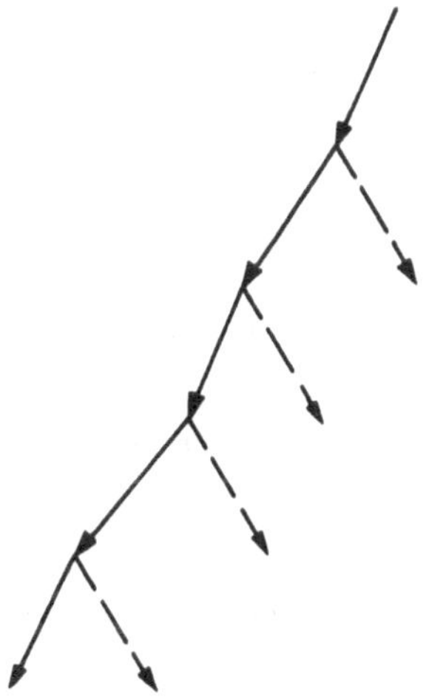

Abb. 34. Tiefe-Zuerst-Suche

Ein Spezialfall der Weg-Suche-Probleme ist dann gegeben, wenn die Menge der Zielzustände nur aus einem Element z_z besteht. Die Lösung des Problems besteht in einem Weg von z_0 nach z_z. Für derartige Aufgaben ist eine mögliche Erweiterung der Breite-Zuerst-Suche besonders bedeutsam, nämlich die

Bidirektionale Suche:

Die Suche geht gleichzeitig von z_0 und z_z aus. Von z_z aus wird rückwärts gesucht, d. h., die Operatoren müssen vor ihrer Anwendung invertiert werden. Die Lösung des Problems ist gefunden, wenn sich die beiden entgegenlaufenden Suchbäume treffen (Abb. 35).

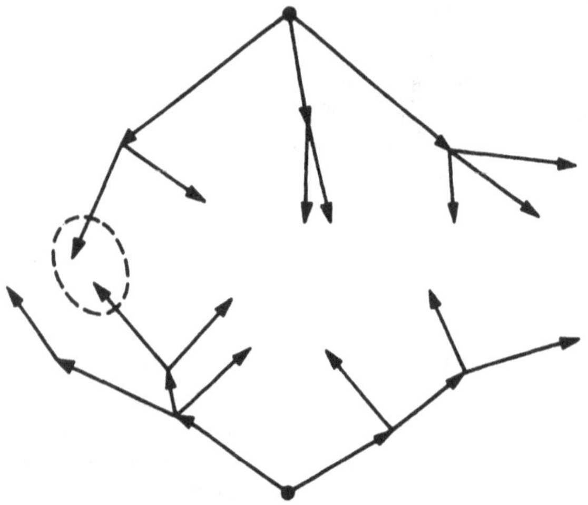

Abb. 35. Bidirektionale Suche

Breite-Zuerst- und Tiefe-Zuerst-Suche sind erste, primitive Suchstrategien. Sie haben entscheidende Nachteile, die ihren praktischen Nutzen stark einschränken:

1. Die Breite-Zuerst-Suche enthält zwar eine Lösungsgarantie, ist aber sehr aufwendig.
2. Die Tiefe-Zuerst-Suche ist zwar leicht zu realisieren, wird das Problem aber nur in wenigen Fällen lösen.

Ein intelligentes Suchverfahren, das eine relative Lösungssicherheit mit möglichst geringem Lösungsaufwand verbindet, muß zwei wesentliche Merkmale aufweisen:

1. Es werden nicht alle theoretisch möglichen, sondern es wird nur eine *ausgewählte Menge* von Wegen untersucht.

2. Die Reihenfolge, in der die einzelnen Wege untersucht werden, wird durch *Abschätzung* der *Wahrscheinlichkeit* bestimmt, mit der sie zum Ziel führen.

Ein derartiges Verfahren wird als *heuristische Suche* bezeichnet. Der Suchprozeß wird beschleunigt, indem Wege ausgeschlossen werden, die wahrscheinlich nicht zu einer Lösung des Problems führen. Andererseits geht die absolute Sicherheit verloren, eine existierende Lösung zu finden.

3.4.2. Heuristische Suche

In Zustandsräumen großer Dimension bewirken blinde Suchmethoden wegen der *kombinatorischen Explosion* einen unvertretbar hohen Suchaufwand. Durch Einbeziehung von Wissen kann die Suche eingeschränkt werden. Die zur Einschränkung des Suchraumes genutzten Regeln sind die *Heuristiken.* Sie können

1. problemabhängig (*Meta-Wissen,* Wissen über sich selbst) und
2. problemunabhängig sein.

Für heuristische Suchmethoden gilt allgemein:

1. die globale Natur des Zustandsgraphen ist bekannt,
2. die generelle Suchrichtung ist bekannt,
3. die Lösungsgarantie geht durch das Ausschließen potentieller Lösungswege verloren (negative Heuristiken),
4. durch heuristische Suche gefundene Lösungen können mit Hilfe blinder Suchstrategien verbessert werden, wenn mit der Anwendung von Operatoren eine Kostenfunktion assoziiert ist.

Heuristiken können 1. *zustandsorientiert* (welcher Knoten wird expandiert) oder 2. *operatororientiert* (welche Kante wird verfolgt) sein. Die Zustände bzw. Operatoren werden *geordnet.* Das setzt voraus, daß sie zuvor *bewertet* worden sind.

1. *Zustandsorientierte Heuristiken*

Ein beliebiger Zustand z_i werde mittels einer *heuristischen Funktion* f bewertet. Dann setzt sich $f(z_i)$ gemäß der Gleichung

$$f(z_i) = g(z_0, z_i) + h(z_i, z_z)$$

aus folgenden zwei Komponenten zusammen:

a) Abschätzung des Aufwandes, der nötig war, um den Zustand z_i zu erreichen (z. B. Summierung aller Kosten, die mit der Anwendung von Operatoren auf dem Weg von z_0 nach z_i verbunden waren),
b) geschätzter Abstand zwischen z_i und einem Zielzustand z_z.

Durch blinde Suche in der Umgebung von z_i bis zu einer vorgegebenen Tiefe kann die Genauigkeit des Wertes von $f(z_i)$ verbessert werden [41]. Besonderen

Wert haben die heuristischen Funktionen, wenn nicht nur *eine* Lösung schlechthin, sondern eine möglichst *gute* gesucht ist, z. B. bei Transportproblemen [40].

2. *Operatororientierte Heuristiken*

Eine der ersten bekannt gewordenen Realisierungen von Ideen der Künstlichen Intelligenz war das System *General Problem Solver* (GPS) von NEWELL und SIMON. Diese Arbeit ist Ausdruck von Bestrebungen im Frühstadium der KI, die Fähigkeit des Menschen, Probleme der unterschiedlichsten Gebiete zu lösen, in Computerprogrammen nachzubilden. Es wurden ausschließlich problemunabhängige Heuristiken verwendet. Dieser Ansatz ist inzwischen überholt. Trotzdem führten die damaligen Arbeiten zu zahlreichen Methoden, die auch heute noch Grundlage vieler KI-Systeme sind. Ein Beispiel hierfür ist die sogenannte *Means and End Analysis,* die auf einer operatororientierten Heuristik beruht:

Soll ein Zustand z_i in einen Zustand z_z transformiert werden, dann müssen zuerst die wichtigsten Unterschiede dieser Zustände ermittelt werden. Anschließend wird jener Operator ausgewählt, der diese Unterschiede am umfassendsten reduziert.

In [43] wird eine Anzahl weiterer operatororientierter, problemunabhängiger Heuristiken beschrieben:

a) Den Operatoren werden empirisch gewonnene Prioritäten fest zugeordnet. Wird die gesamte Menge der Operatoren geordnet, dann ist auf diese Weise eine Tiefe-Zuerst-Suche realisiert worden.
b) Die Anwendbarkeitsbeschreibungen der einzelnen Operatoren bestehen aus Komponenten. Wenn zwischen je einer Komponente von zwei zu vergleichenden Operatoren eine solche Relation besteht, daß die eine Komponente einen Spezialfall der anderen repräsentiert, dann sind jene Operatoren mit der enger abgegrenzten Gültigkeit vorzuziehen (*Special Case Rules*).
c) Diejenigen Zustandskomponenten, die die Anwendbarkeit der einzelnen Operatoren bestimmen, können während der Lösung eines Problems modifiziert werden. Das kann extern (durch Wahl der Prozeßwerte) oder intern (durch Anwendung von Operatoren) geschehen. Es sind jene Operatoren anzuwenden, die sich auf Zustandskomponenten beziehen, welche zeitlich später modifiziert werden (*Recency Rules*).
d) Die Anwendbarkeitsbedingungen der Operatoren werden mit jenen des zuletzt angewendeten Operators verglichen. Es ist derjenige Operator vorzuziehen, bei dem die größten Unterschiede auftreten. Dadurch wird eine unmittelbar aufeinanderfolgende Applikation nahezu identischer Operatoren vermieden (*Distinctiveness Rules*).

Allgemein kann davon gesprochen werden, daß die Verwendung von Heuristiken wie eine Art Filter wirkt. Die Kapazität dieser Filter, d. h. die maximale Anzahl gleichzeitig betrachteter Zustände bzw. Operatoren, wird oftmals beschränkt. In der Literatur wird dieser Sachverhalt als *Staging* bezeichnet [37].

3.4.3. Dynamische Verwaltung des Zustandsraumes

Die Lösung eines Problemes ist gefunden, wenn ein Zielzustand erreicht ist (Weg-Suche) bzw. wenn keine weiteren logischen Schlüsse (Operatoranwendungen) mehr möglich sind (Weg-Ziel-Suche). Allein die Tatsache, daß eine Lösung gefunden wurde, ist aber im allgemeinen nicht hinreichend. Gesucht ist der *Lösungsweg.* Dieser besteht aus einer Folge von Zwischenzuständen z_i. Jede einzelne Transformation (z_i, z_{i+1}, ...) wird durch Anwendung eines Operators op_i realisiert. Daraus ergibt sich, daß es sich beim Zustandsraum (ZD) nicht um eine unstrukturierte Menge von voneinander unabhängigen Elementen handelt. Es existieren zwei mögliche Strukturen für ZD:

1. Es ist eine *Ordnung* von Zuständen definiert, wenn stets nur *ein* aktueller Weg untersucht wird, wie bei der Tiefe-Zuerst-Suche. Es wird eine Kette von Zwischenzuständen aufgebaut. Die Folge der dabei angewendeten Operatoren ist die Lösung eines Weg-Suche-Problems, wenn ein Zielzustand z_z erreicht worden ist.
2. Es ist eine *Halbordnung* definiert, wenn *mehrere* Wege gleichzeitig untersucht werden, wie bei der Breite-Zuerst-Suche. Während der Suche wird eine Baumstruktur von Zwischenzuständen (Knoten) und Operatoren (Kanten) aufgebaut.

Wenn die Lösung eines Problems gefunden ist, wird der Lösungsweg bestimmt, indem der Weg, von den erreichten Zielzuständen ausgehend, rückläufig bis zum Ausgangszustand z_0 verfolgt wird. Auf dem Implementationsniveau wird die dynamische Zustandsmenge als *Liste* bzw. als *Listenstruktur* organisiert. Für die Implementation ist die Anzahl der generierten Zwischenzustände wesentlich. Komplexe Zustandsbeschreibungen verursachen Speicherplatzprobleme.

Verschiedene Möglichkeiten erlauben es, den Speicheraufwand pro generierten Zwischenzustand zu reduzieren:

1. Die Zustände werden implizit in Form einer Folge von Operatoren gespeichert.
2. In Analogie zum Ereignisprinzip werden Zustandsübergänge durch die Angabe der veränderten Zustandskomponenten beschrieben.

Die Anwendbarkeit dieser Möglichkeiten ist jedoch stark eingeschränkt. In den bisherigen Erörterungen ist ein Sachverhalt von entscheidender praktischer Bedeutung völlig unberücksichtigt geblieben: Während der Suche treten möglicherweise nicht-kreisfreie Strukturen im Zustandsraum hervor. Es gibt nur eine Möglichkeit, zu vermeiden, daß in einem solchen Fall die Suche endlos, im Kreis, abläuft. Jeder neu generierte Zustand muß daraufhin geprüft werden, ob er bereits in der Menge der bisher untersuchten Zustände enthalten ist. Das ist im allgemeinen aber nur möglich, wenn diese Zustände explizit beschrieben sind. Die Zustände implizit in Form von Operatoren zu speichern, ist keine mögliche Alternative, sondern unbedingte Notwendigkeit, wenn nicht nur die erreichbaren Zustände, wie bei der Deduktion, sondern auch die Folge der angewendeten Operatoren (z. B. Planen von Maßnahmefolgen) gesucht sind.

3.4.4. Reversible Suche

Deduktionsprobleme sind dadurch gekennzeichnet, daß die Applikation eines anwendbaren Operators prinzipiell ein zutreffender logischer Schluß ist, also zur Lösung des Problems beiträgt. Diese Aussage kann auf die Weg-Suche-Probleme nicht übertragen werden. Führt ein untersuchter Weg in eine „Sackgasse", d. h., daß keine weiteren Operatoren anwendbar sind, muß die Möglichkeit bestehen, diesen Weg zurückzugehen, um einen anderen zu probieren. Dieses Suchprinzip ist bereits aus der griechischen Mythologie als *Faden der Ariadne* bekannt. In der Künstlichen Intelligenz wird diese Strategie als *Backtracking* bezeichnet. Die Alternative, viele Wege gleichzeitig zu untersuchen (Breite-Zuerst), erscheint praktisch als wenig sinnvoll. Die Methode wäre mit zu hohem rechentechnischen Aufwand verbunden. Dieses Urteil kann modifiziert werden, sobald Rechner mit ausgeprägten Fähigkeiten zur Parallelarbeit und weiter erhöhten Speicherkapazitäten zur Verfügung stehen.

Die reversible Suche ist ein rekursiver Prozeß. Wird ein untersuchter Weg als nicht zum Ziel führend erkannt, so ist die Rekursion abzubrechen. Die rekursive Prozedur wird auf dem erreichten Rekursionsniveau verlassen und auf dem eine Ebene darüber befindlichen Niveau fortgesetzt. Die rechentechnische Realisierung dieses Verfahrens bewirkt, daß durch die *Rückrekursion* der alte Kontext (Variablenbelegungen) wieder hergestellt wird (Abb. 36).

Weitere Besonderheiten dieses Verfahrens sind:

1. Die Menge der als anwendbar bestimmten Operatoren OP_{zi} wird iterativ, auf gleichem Rekursionsniveau, auf einen aktuellen Zustand z_i angewendet bis OP_{zi} leer ist oder die Wegsuche erfolgreich war.
2. Die Menge OP_{zi} kann entweder ungeordnet (blinde Tiefe-Zuerst-Suche) oder mittels heuristischer Informationen geordnet sein (informierte Suche).
3. Der Rekursionsabbruch geht mit dem vollständigen Verlust der auf einem aktuellen Rekursionsniveau gewonnenen Informationen einher.

Für die praktische Realisierung sind einige Erweiterungen notwendig oder zumindest wünschenswert:

1. Eine Liste aller auf dem aktuellen Pfad befindlichen Zustände z_i, um endlose Zyklen zu vermeiden.
2. Ein Teil der vor dem Abbruch der Rekursion gewonnenen Informationen wird bewahrt, indem alle Zustände, die sich auf dem nicht zu einer Lösung führenden Weg befanden, gemerkt werden. Damit ist es möglich, die Suche frühzeitig ohne weiteren Aufwand zu unterbrechen, wenn ein solcher Zustand später nochmals generiert werden sollte.

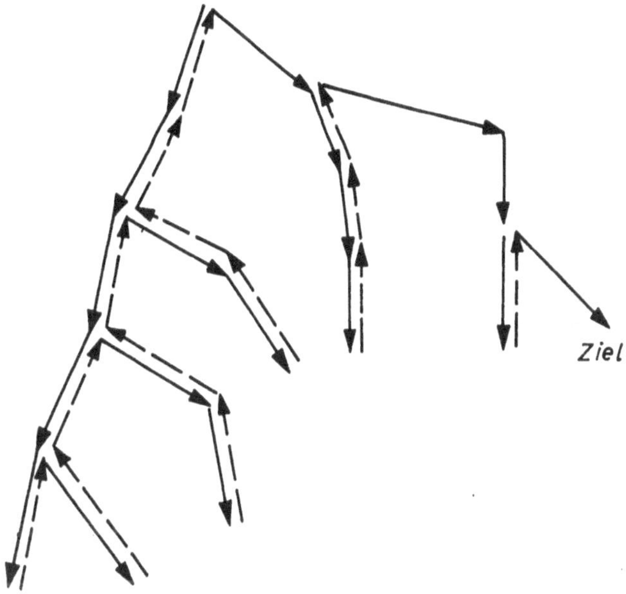

Abb. 36. Reversible Suche

3. Es ist möglich, für die Rekursion eine maximale Tiefe anzugeben. Dadurch werden Wege ausgeschlossen, die aus einer nach praktischen Gesichtspunkten unvertretbar hohen Anzahl von Einzelschritten bestehen.

In einigen Spezialsprachen der KI ist die reversible Suche fest implementiert, wie z. B. in PROLOG, FUZZY und PLANNER. Da es aber in den meisten Spezialsprachen nicht möglich ist, die anwendbaren Operatoren mittels heuristischer Informationen zu ordnen, geht dieser Vorteil durch geringere Flexibilität zum Teil wieder verloren.

In CONNIVER wurde sogar die Möglichkeit einer *Graphensuche* implementiert. Dazu ist es nötig, gleichzeitig mehrere Zustände als potentielle Kandidaten für die Generierung von Folgezuständen zu betrachten. Es ist dadurch möglich, die Suche auf einem Weg zu unterbrechen, auf einem anderen Weg fortzusetzen und schließlich zum ersten zurückzukehren.

3.4.5. Problemreduktion

Probleme sind mitunter zu komplex, um sie in der original gegebenen Form lösen zu können. Die Strategie, ein schwieriges Originalproblem rekursiv in eine hierarchisch strukturierte Menge von *Teilproblemen* (s. Abb. 37) zu überführen,

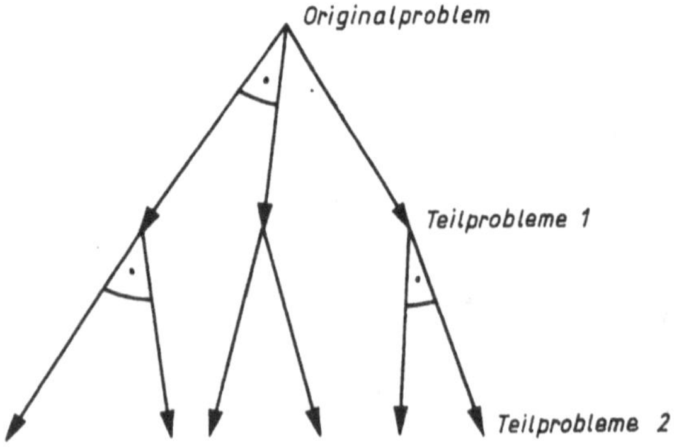

Abb. 37. Problemreduktion

wurde erstmals im General Problem Solver implementiert. Dabei verringert sich der Schwierigkeitsgrad der zu lösenden Probleme mit abnehmender Ebenennummer in der Hierarchie oder die Lösung ist im Extremfall bereits bekannt. Die Methode umfaßt die folgenden Prozeduren:

Der Zustandsvektor wird in voneinander unabhängige, notwendigerweise *disjunkte Teilmengen* von Zustandskomponenten zerlegt. Die bei dieser *Problemklassenzerlegung* entstehenden Teilprobleme werden auf den entsprechenden Hierarchieebenen mit logisch UND bzw. logisch ODER verknüpft.

Die Grundlage für diese Arbeitsweise ist in einem angenommenen Spezialfall gegeben:

Die globale Datenbasis, der Zustandsvektor, des KI-Systems steht in einer speziellen Beziehung zu den verfügbaren Operatoren.

1. Die Anwendbarkeitsbedingungen beinhalten ausschließlich Tests auf einzelne Zustandskomponenten.
2. Die Effekte der Operatoranwendungen liegen in der Modifikation nur jener Zustandskomponenten, die auch seine Anwendbarkeit bestimmt haben.

Damit kann aus einer Auswertung der Anwendbarkeitsbedingungen der Operatoren eine Dekomposition des aktuellen Zustandsvektors relativ einfach abgeleitet werden. Wichtige praktische Anwendungen wurden z. B. für Aufgaben der Syntaxanalyse und der Strukturanalyse komplexer organischer Substanzen realisiert [29].

Eine Prozedur zur Problemreduktion ist ihrem Wesen nach ein Verfahren der Weg-Suche in rückwärtiger Richtung: Es ist zu bestimmen, ob sich ein gegebener Zustand auf eine Menge von Ausgangszuständen, d. h. auf lösbare Teilprobleme, zurückführen läßt.

Für die Auswahl von Zustandskomponenten und Operatoren sind nach Möglichkeit heuristische Informationen anzuwenden.

3.5. Implementation und Nutzung von Wissensbasen

3.5.1. Darstellung von Wissen

1. Prozedurales Wissen

Die bekannteste Form der Darstellung von prozeduralem Wissen sind die sogenannten *Produktionsregeln* [37, 42]. Sie wurden im Zusammenhang mit Untersuchungen über Vorgänge im Gehirn des Menschen beim Lösen von Problemen von Psychologen als geeignete Form der Wissensdarstellung in KI-Systemen empfohlen [42]. Ihre Syntax kann allgemein in der Form

IF (Bedingungsteil) THEN (Aktionsteil)

dargestellt werden. Der Zusammenhang mit der Definition von Operatoren in einem impliziten Zustandsgraphen ist offensichtlich. Die Produktionsregeln können als eine Implementierungsform von Operatoren zur Zustandstransformation aufgefaßt werden.

In verschiedenen KI-Spezialsprachen (z. B. PLANNER) werden Formalismen zur *Definition von Theoremen* in Form von Regeln bereitgestellt, z. B.:

```
(CONSEQUENT)
(TEIL ?A ?B)
(GOAL (TEIL ?A ?C))
(GOAL (TEIL ?C ?B)).
```

Die analoge Produktionsregel lautet:

IF A ist ein Teil von C
AND C ist ein Teil von B
THEN A ist ein Teil von B

2. Deklaratives Wissen

Die einfachste Form der Darstellung von deklarativem Wissen ist die Beschreibung von *Objekten.* Das können sowohl Systeme als auch Prozesse bzw. deren Untergliederungen (Teilsysteme, Teilprozesse) bis auf das Niveau atomarer Systemkomponenten und Ereignisse sein. Jedes Objekt wird durch eine Menge von *Objektparametern* beschrieben. Jeder Parameter spezifiziert den Wert eines Attributes. Dieses Konzept einer assoziativen Verknüpfung in Form eines Tripels

(Attribut, Objekt, Wert)

ist die Grundlage des Property-Listen-Formalismus in LISP [45]. Ein Objekt „PUMPE" kann demzufolge durch diese (unvollständige) Liste von Objektparametern beschrieben werden:

(Typ, Pumpe, Kolbenpumpe)
(Baujahr, Pumpe, 1980)
(Einsatzbetrieb, Pumpe, ZfK Rossendorf)
. . .
. . .

In dieser Form der Wissensdarstellung werden die Eigenschaften eines *einzelnen* Objektes hervorgehoben. Eine explizite Darstellung der Relationen zwischen den Elementen einer *Menge* von *Objekten* als *assoziatives Netzwerk* (auch semantische Netze genannt) betont den wechselseitigen Zusammenhang zwischen diesen Objekten. Ein mögliches Beispiel dafür ist in Abbildung 38 dargestellt.

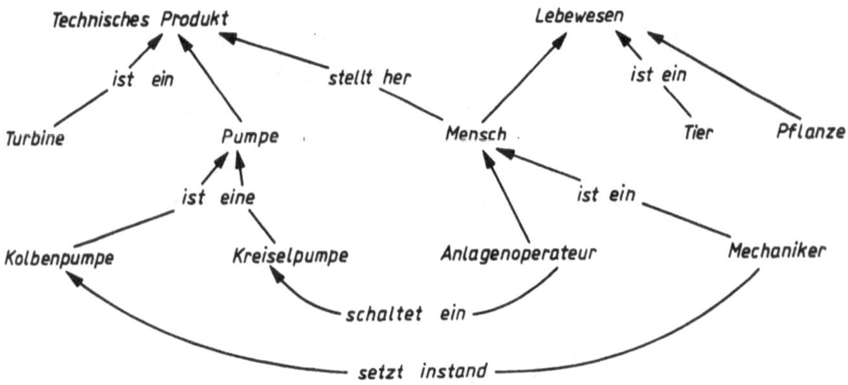

Abb. 38. Beispiel für ein hypothetisches assoziatives Netzwerk

3. Rahmendarstellungen

Es ist sinnvoll, jene Objektparameter, die sich auf das gleiche Objekt beziehen, zu *konzeptuellen Einheiten* zusammenzufassen. Diese Wissenskonzepte werden als Rahmen (FRAMES) bezeichnet [48, 49]. Der FRAME für eine Pumpe, der alle eventuell wichtigen Informationen über diese Pumpe enthält, könnte folgendermaßen aussehen:

FRAME PUMPE

Typ	(Kolbenpumpe, Kreiselpumpe, . . .)
Fördermenge	(Integer)
Baujahr	(Integer)
Einsatzbetrieb	(ZfK Rossendorf)

4. Konzeptuelle Hierarchie

Die gesamte Wissensbasis kann als ein Netzwerk von konzeptuellen Einheiten aufgefaßt werden. Die Relationen zwischen den einzelnen Einheiten sind:

a) hierarchisch: spezifischere Konzepte sind vollständig in allgemeinen Konzepten enthalten,

b) assoziativ: unterschiedliche Konzepte beziehen sich zum Teil auf gleiche Objektparameter.

In Abbildung 39 ist eine konzeptuelle Hierarchie für eine Werkstatt dargestellt. Vertikale Kanten repräsentieren hierarchische Relationen und horizontale Kanten weisen auf assoziative Verbindungen hin. Die Ebenen unterscheiden sich im Darstellungs- bzw. Abstraktionsniveau (Stratifikation).

Die auf LISP aufbauende KI-Spezialsprache FRL (Frame Representing Language) unterstützt die Definition und Nutzung derartiger Wissensbasen [50].

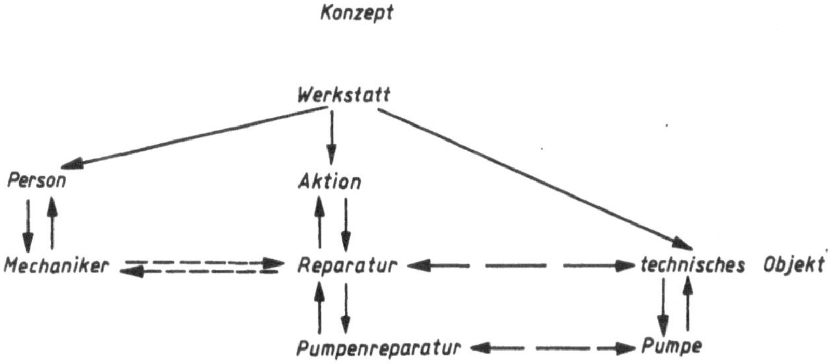

Abb. 39. Beispiel für eine hypothetische konzeptuelle Hierarchie

5. **Symbiotische Wissensdarstellung**

Konzeptuelle Hierarchien bieten die Möglichkeit, aus einem gegebenen Zusammenhang heraus auf möglicherweise nützliche Wisseneinheiten zurückzugreifen. Die Rahmendarstellungen enthalten aber nur deklaratives Wissen. Es erscheint also sinnvoll, diese kontextabhängige Indexierung von Wissen auch auf prozedurales Wissen auszudehnen. Dazu werden in die Rahmen Verweise auf die in diesem Zusammenhang anwendbaren Operatoren, z. B. in Form von Produktionsregeln, integriert. Damit ist die Symbiose zwischen den Tabellen über Objekte und den anwendbaren Operatoren bzw. Produktionsregeln hergestellt.

3.5.2. Anwendung von Wissen

1. **Interpretation von Produktionsregeln**

Ein System zur Interpretation von Produktionsregeln besteht aus drei Komponenten:

a) Der *Wissensbasis,* dem *Langzeitgedächtnis* des Systems. Darin sind die Produktionsregeln, d. h. prozedurales Wissen in modularer Form, enthalten.

b) Der *Datenbasis.* Sie entspricht dem *Kurzzeitgedächtnis* des Systems und enthält Informationen über den „Zustand der Welt" als auch dynamische Informationen über die interne Arbeit.

c) Der *Steuerung,* dem *Kernstück des Interpreters.* Sie realisiert die Interpreterschleife:
   - Pattern-Matching: Welche Regeln sind anwendbar? ,
   - Konflikt-Lösung: Auswahl einer anwendbaren Regel,
   - Aktion: Ausführung des Aktionsteiles.

Die Datenbasis kann als Datenstruktur aufgefaßt werden. Sie enthält ein Abbild der dynamischen Veränderungen des Zustandes (dynamische Zustandsmenge). Die Produktionsregeln haben Zugriff zur gesamten Datenbasis, über die sie auch kommunizieren. Die Regeln sind voneinander unabhängig. Sie rufen sich nicht explizit gegenseitig auf. Die Aktivierung von Produktionsregeln erfolgt in Abhängigkeit vom jeweils aktuellen Zustand der Datenbasis. Die Arbeitsweise des Interpreters ist wissensbezogen sowie *datengesteuert.*

Die Anwendbarkeit einer Produktionsregel wird durch den aktuellen Zustand bestimmt. Da die Regeln einander nicht aufrufen können, muß nach jeder ausgeführten Aktion, d. h. Anwendung einer Produktionsregel, die den alten Zustand verändert hat, die Menge der anwendbaren Regeln neu bestimmt werden. Das ist, wenn sehr viele Operatoren und Zustandskomponenten einzubeziehen sind, eine sehr zeitaufwendige Aufgabe. Die mögliche Komplexität von Zustandsbeschreibungen schließt weiterhin eine exakte Spezifizierung derjenigen Zustände aus, auf die eine Produktionsregel anwendbar ist. Zustandskomponenten, die auf die Anwendbarkeit einer Regel keinen Einfluß nehmen, werden weggelassen. Eine derartige Einengung der Zustandsbeschreibung (besser: Beschreibung einer Zustandsklasse) impliziert, daß die Zustandskomponenten nicht als *Stellungsparameter* gegeben, sondern als *Objektparameter* zu definieren sind. Diese beschreiben beliebige Zustandskomponenten in Form von Tripeln (Attribut, Objekt, Wert). Eine äquivalente Definition in den Anwendbarkeitsbeschreibungen legt implizit die Relation „=" fest. Es ist sinnvoll, hier eine Erweiterung um eine *Wertrelation* (Prädikat bezüglich Attribut oder Wert, Paar) vorzunehmen. Mögliche Beispiele dafür sind: arithmetische Vergleiche ($>$, $<$, $\geqslant$, $\leqslant$, $=$); negierte arithmetische Vergleiche ($\neg =$, $\neg >$, $\neg <$), Elemente einer Menge von Werten sowie funktionale Zusammenhänge mit den Werten anderer Objektparameter. Die Prüfung einer Produktionsregel auf ihre Anwendbarkeit erfolgt komponentenweise. Der Zusammenhang zur Zustandsbeschreibung wird über die Bezeichnung (Attribut, Objekt) der jeweiligen Komponente hergestellt. Je nach dem aktuellen Wert der Zustandskomponente sowie der Wertrelation liefert jede einzelne Prüfung einen logischen Wert (TRUE, FALSE). Durch logische Operatoren (UND, ODER, Negation, Ambivalenz, Äquivalenz) werden diese Werte miteinander verknüpft. Eine Produktionsregel ist anwendbar, wenn das Ergebnis dieser Verknüpfung TRUE ist. Dieser Vorgang wird als *Pattern Matching* bezeichnet, da es sich bei einer Implementation in symbolverarbeitenden Programmiersprachen um einen *Mustervergleich* handelt.

In diesem Zusammenhang ist ein Vergleich mit dem algorithmischen System *Entscheidungstabelle* interessant [21]. Offensichtlich besteht eine syntaktische Ähnlichkeit in der Definition von Bedingungs- und Aktionsteil (Tabelle 16).

Tabelle 16
Struktur einer Entscheidungstabelle

Zeilen Nr.	Bedingung 1	...	Bedingung n	Aktion 1	...	Aktion m	GOTO
1	p_{11}		p_{1n}	a_{11}		a_{1m}	...
2	p_{21}		p_{2n}	a_{21}		a_{2m}	...
			...				
k	p_{k1}		p_{kn}	a_{k1}		a_{km}	...

Die p_{ij} repräsentieren logische Bedingungen und die a_{ij} auszuführende Aktionen. Ein erster Unterschied zu den Produktionsregeln ist die feste Formatierung. In jeder Zeile (1 ... k) sind maximal n Bedingungen und m Aktionen verzeichnet. Wenn die Differenz zwischen der Obergrenze und der durchschnittlichen Anzahl von Bedingungen bzw. Aktionen sehr groß ist, können erhebliche Speicherplatzverluste nur mit Hilfe der Listentechnik, wie bei Produktionsregeln allgemein üblich, vermieden werden. Das ist jedoch nur eine Frage der Implementation. Prinzipieller Natur sind die Unterschiede im Steuerfluß, der sich algorithmisch oder wissensbezogen vollzieht:

a) **Algorithmisch:** Für jede Zeile wird explizit vorausbestimmt, ob in Abhängigkeit von den Bedingungen mit der nächsten Zeile fortgesetzt oder zu der in der GOTO-Spalte spezifizierten Marke gesprungen werden soll.
b) **Wissensbezogen:** Im einfachsten Fall, also einer Tiefe-Zuerst-Suche, wird die Zeile der ersten anwendbaren Entscheidungsregel gesucht und die darin enthaltenen Aktionen werden ausgeführt. Anschließend erfolgt der Sprung zurück zur Zeile 1. Eine Erweiterung um das Backtracking ist möglich, wenn die Zeile einer angewendeten Regel markiert und der alte Systemzustand (vor Ausführung der Aktionen) mit Hilfe eines Kellerspeichers wiederhergestellt werden kann. Die Suche ist heuristisch, wenn zuerst alle anwendbaren Zeilen einer Entscheidungstabelle gesucht werden, um dann mit Hilfe von Strategien eine Entscheidung aus dieser Menge auszuwählen.

2. Probleme der Effektivität

Die Qualität des Problemlösens hängt entscheidend vom vorhandenen Wissen ab. Zugriff, Änderungsfreundlichkeit und Nutzbarkeit werden wesentlich von der Art der Darstellung des Wissens beeinflußt. Bereits durch die Art und Weise der Repräsentation eines Problems (Beschreibung von Zuständen, Operatoren) kann die Effektivität des Lösungsvorganges beeinflußt werden. Dazu ist folgendes zu empfehlen:

a) Die Zustände innerhalb eines Weltmodells lassen sich meist auf verschiedene Weise beschreiben. Das Ziel sollte stets sein, die Anzahl möglicher Zustände zu verringern. Das ist im allgemeinen möglich, wenn eine ausreichend genaue Zustandsbeschreibung mit möglichst wenigen Parametern erreichbar ist.
b) Die Beschreibung der Anwendbarkeit der Operatoren sollte möglichst genau sein, um die Menge alternativ anwendbarer Operatoren einzuschränken. Das ist durch eine Erhöhung der Anzahl spezifizierter Zustandskomponenten in der Anwendbarkeitsbeschreibung zu erreichen. Dabei ist jedoch die Aussage über die Motivation für die Verringerung dieser Anzahl (Speicherplatz bei vielen Operatoren) zu beachten. Daraus ergibt sich, daß ein Kompromiß zwischen diesen Forderungen geschlossen werden muß.
c) Die Anzahl der zur Verfügung stehenden Operatoren läßt sich durch die Definition von sogenannten Makrooperatoren einschränken. Diese enthalten eine Sequenz von Anweisungen mehrerer Operatoren. Ihre Anwendung beschleunigt den Vorgang der Wegsuche. Die Makrooperatoren sind den ebenfalls anwendbaren einfachen Operatoren vorzuziehen.

In [37] wird auf ein weiteres Problem aufmerksam gemacht: Der Aufwand für das Aufsuchen einer Lösung kann in zwei Komponenten unterteilt werden:

a) Der Aufwand für das Generieren und Handhaben von Zuständen wächst mit der Anzahl vergeblich untersuchter Wege. Diese Komponente kann reduziert werden, wenn umfangreiches Steuerungswissen (Strategien) zur Verfügung steht.
b) Die Einbeziehung von Wissen in die Entscheidungen über die Anwendung von Operatoren bedingt jedoch zusätzlichen Aufwand für die Indexierung (welches Wissen ist für den untersuchten Zustand bedeutsam?) und die Selektion (Auswahl der anzuwendenden Wissenskomponente).

Die Reduzierung des totalen Lösungsaufwandes muß daher ein Kompromiß bezüglich des Umfanges des zur Steuerung des Problemlösens genutzten Wissens sein (Abb. 40).

Die weit verbreitete Nutzung von Produktionsregeln für die Darstellung von Wissen hat die Entwicklung spezifischer Methoden stimuliert, um die Effizienz der Interpretersysteme für diese Regeln zu steigern. Das Hauptproblem ist die in jedem Interpreterzyklus auszuführende Bestimmung der Menge aller anwend-

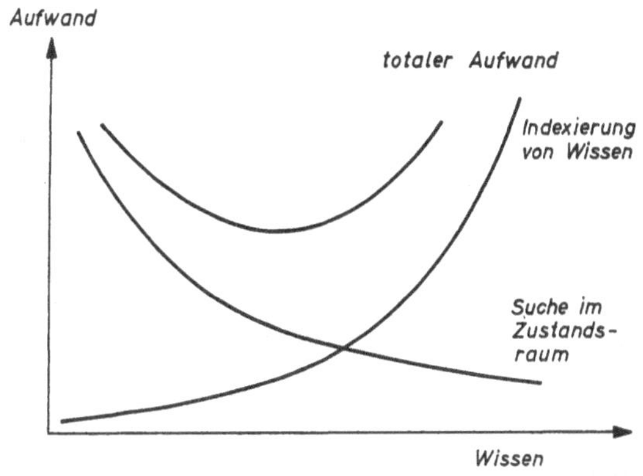

Abb. 40. Suchaufwand in wissensbezogenen Systemen

baren Regeln (Konfliktmenge) durch Pattern Matching. Zwei prinzipiell verschiedene Methoden der Effektivierung dieser Aufgabe können unterschieden werden:

a) Objektparameter-orientierte Indexierung von Regeln: Die als Tripel definierten Objektparameter werden mit denjenigen Produktionsregeln assoziiert, die in ihrem Bedingungsteil bzw. in ihrem Aktionsteil auf diese Bezug nehmen [30].
b) Die Produktionsregeln werden mit einem Zähler verknüpft, der die Anzahl der erfüllten und der nicht erfüllten Bedingungen für die Anwendung der Produktionsregel angibt [51, 52]. Damit ist es möglich, nicht die Konfliktmenge selbst, sondern nur die Veränderungen der Konfliktmenge dynamisch zu berechnen.

Für beide Verfahren gilt jedoch: Die größere Laufzeiteffektivität kann nur auf Kosten eines höheren Speicherbedarfs erreicht werden.

3. Wissensbezogene Bestimmung von Objektparametern

Für Zustandsvektoren großer Dimension ist es mitunter günstig, den Wert der Komponenten (Objektparameter) erst dann zu bestimmen, wenn er wirklich gebraucht wird. In diesem Sinne kann die Vorwärtsdeduktion auch als eine Methode zur Akkumulation von Wissen, nämlich auf dem niedrigsten Niveau in Form der Werte von Objektparametern, aufgefaßt werden.

Die Rückwärtsdeduktion ist ein Verfahren der Problemreduktion. Als Ziel sind Objektparameter bzw. Zustandsbeschreibungen vorgegeben. Aus den Aktionsteilen werden jene Regeln bestimmt, mit denen das Ziel unmittelbar erreicht werden kann. Die konjunktiv verknüpften Elemente im Bedingungsteil stellen mit UND verknüpfte Teilziele dar. Konjunktive Teilziele sind disjunktiv mit Zweigen verbunden, die sich aus der Anwendung alternativer Regeln ergeben. Dieser Prozeß wird rekursiv fortgesetzt, bis ein Zustand aus einer vorgegebenen Menge von Objektparametern abgeleitet bzw. der Wert eines Objektparameters bestimmt ist.

In [30] ist ein derartiger Algorithmus zur zielorientierten Bestimmung von Objektparametern ausgeführt worden. Die wissensbezogene Bestimmung von Objektparametern wird in der Literatur häufig als *Procedural Attachment* bezeichnet. Die Prinzipien des Verfahrens sind allgemeingültig. Auf diese Weise wird auch die Menge der zu einer konzeptuellen Einheit zusammengefaßten Objektparameter dynamisch vervollständigt. Es sei vermerkt, daß nicht nur logische Ableitungen, sondern auch numerische Berechnungen des Wertes von Objektparametern möglich sind.

5. Zugriff auf Wissen in konzeptuellen Hierarchien

Die konzeptuellen Hierarchien können in ihrer einfachsten Form als ein Organisationsschema für die Indexierung von Wissen betrachtet werden. Die Suche nach einem nützlichen *Wissenskonzept,* einer konzeptuellen Einheit (Abb. 41), ist als top-down Verfahren mit Backtracking durchführbar. Dabei ist zu sichern, daß der Zugriff nicht signifikant verlangsamt wird, wenn der Umfang der Wissensbasis wächst. In [53] wird dafür empfohlen, die Anwenbarkeit einer konzeptuellen Einheit nicht direkt zu bewerten, sondern für die Suche in top-down-Richtung lokal unterscheidende Merkmale (Objektparameter) heranzuziehen. Die Arbeitsweise des wissensbezogenen Systems wird von einem Modell der Wissensbasis, der *konzeptuellen Hierarchie,* bestimmt. Sie ist *modellgesteuert.* Dabei ist modellgesteuert nicht mit modellbezogen zu verwechseln. Das Modell der Wissensbasis ist Wissen über sich selbst; demgegenüber ist zum Beispiel ein Prozeßmodell ein Abbild der externen Umgebung.

Eine reine top-down-Suche ist für praktische Probleme nicht sinnvoll. Entweder müssen die konzeptuellen Einheiten zu allgemein formuliert werden oder ihre Menge wird zu groß. Die Anwendung *negativer Heuristiken* ermöglicht es, den Suchraum einzuengen. Die heuristischen Informationen werden nicht benutzt, um günstige Operatoren oder Zustände zu empfehlen, sondern um ungünstige auszuschließen. Der Zugriff kann weiter beschleunigt werden, wenn durch Assoziation alle Elemente der konzeptuellen Hierarchie direkt referierbar sind. Dazu enthalten die konzeptuellen Einheiten spezielle *Trigger-Parameter.*

Trigger-Parameter

bestätigende Parameter

ausschließende Parameter

beschreibende Parameter

differenzierende Parameter

Abb. 41. Frame-Struktur einer konzeptuellen Einheit

Das sind Objektparameter, über die die Wissenskomponenten assoziativ mit aktuellen Daten (Zustandsbeschreibung) verbunden werden. Alle Aussagen, die für allgemeinere konzeptuelle Einheiten gelten, sind auch für deren Spezialfälle wahr. Deshalb ist es möglich, das Ergebnis des assoziativen Zugriffs, welches zunächst hypothetischen Charakter besitzt, durch *bottom-up-Suche* zu überprüfen. Den gleichen Zweck erfüllen spezielle Objektparameter innerhalb einer konzeptuellen Einheit wie:

a) *bestätigende Parameter,* deren Werte die Gültigkeit des assoziativen Zugriffs nachweisen, sowie
b) *ausschließende Parameter,* deren Werte die mit dem assoziativen Zugriff aufgestellte Hypothese verwerfen.

Die Suche nach möglichen Spezialfällen (top-down) ist in ihrem Wesen ein Differenzieren zwischen alternativen Möglichkeiten. Es ist günstig, in diesen Prozeß Objektparameter einzubeziehen, bezüglich derer die spezifischeren konzeptuellen Einheiten die größten Unterschiede aufweisen. Sie werden *differenzierende Parameter* genannt. Alle weiteren, die konzeptuelle Einheit selbst kennzeichnenden Objektparameter, heißen *beschreibende Parameter.*

In einer symbiotischen Darstellungsform des Wissens sind außerdem alle Produktionsregeln, die zur Herleitung des Wertes von Objektparametern benutzt werden können, in der konzeptuellen Einheit enthalten. Auf diese Weise wird prozedurales Wissen kontextspezifisch indiziert. Der gesamte Prozeß des Aufstellens, Verifizierens und Verfeiners von Hypothesen (gültige konzeptuelle Einheiten) wird von Strategien gesteuert. Die Suche ist beendet, wenn mindestens eine bzw. alle nützlichen Wisseneinheiten gefunden sind.

3.6. Expertensysteme als Anwendungsgebiet der Künstlichen Intelligenz

3.6.1. Aufgaben

Das Anfangsstadium der KI war durch Versuche gekennzeichnet, den Menschen mit seiner allgemeinen Problemlösungsfähigkeit (General Problem Solver) nachzubilden. Die negativen Erfahrungen solcher Bestrebungen haben diese Absichten modifiziert. Sichtbarer Ausdruck dafür sind die sogenannten *Expertensysteme.* Deklaratives Wissen (Fakten) und prozedurales Wissen (Regeln) aus einem eng abgegrenzten Fachgebiet wird von Spezialisten auf diesem Gebiet gewonnen und in der Wissensbasis des Systems abgelegt. Die intellektuelle Leistungsfähigkeit dieser Systeme hat jeweils auf ihrem Spezialgebiet bereits die von hochspezialisierten Akademikern erreicht. Besondere Bedeutung haben Expertensysteme dann, wenn aus großen, unübersichtlichen Datenmengen Entscheidungen abzuleiten sind und andererseits eine gewisse strukturelle Einschränkung der Probleme möglich ist [54]. Sofern routinemäßig Expertenwissen verlangt wird, sind Expertensysteme eine günstige Lösung. Beispiel dafür sind [28]:

1. Die *Interpretation* von Daten, um sie definierten Objekten oder Erscheinungen zuordnen zu können. Dazu gehören das Programm DENDRAL zur Bestimmung der Struktur komplexer organischer Substanzen aus Massenspektrogrammen [29] sowie Verfahren zur automatischen Strukturaufklärung von DNS nach enzymatischer Segmentation auf dem Gebiet der Biotechnologie [55]. Ein spektakulärer Erfolg war die Entdeckung einer von einem Expertensystem vorhergesagten Lagerstätte von Molybdän im US-Staat Washington.

2. Die *Diagnose* von Krankheiten des Menschen oder von Störungen in komplexen technologischen Systemen. Bekannte Expertensysteme auf dem Gebiet der Medizin sind MYCIN (Infektionskrankheiten), PUFF (Lungenfunktionsdiagnostik) und INTERNIST, das von der Universität Pittsburgh entwickelt wurde und etwa 80 Prozent des Wissens der inneren Medizin enthält. Zum Aufgabenkreis der Störungsanalyse in Kernkraftwerken wurde 1984 vom Electric Power Research Institute (USA) ein eigener Workshop organisiert.

3. Die *Überwachung* und Aktionsauslösung in Abhängigkeit vom Zustand des überwachten Menschen auf einer Intensivstation oder eines technologischen Prozesses. Es handelt sich um eine eingeschränkte Diagnose unter Echtzeitbedingungen.

4. Die *Planung* von Aktionsfolgen, um ein angestrebtes Ziel unter Berücksichtigung bestimmter Bedingungen zu erreichen. Bekannt geworden sind hier die Arbeiten zur automatischen Ausarbeitung von Arbeitsplänen zur DNS-Synthese, einem herausragenden Problem der Gentechnologie [32].

5. Die *Prognose* der Zukunft auf der Grundlage von Informationen über Vergangenheit und Gegenwart. Dazu ist es notwendig, die Zeitabhängigkeit von Ereignissen behandeln zu können.

6. Der *Entwurf* von strukturierten Objekten mit vorgegebenen Bedingungen. Der Entwurf von VLSI-Schaltkreisen ist in diesem Zusammenhang von besonderem Interesse. Vom US-amerikanischen Computerkonzern Digital Equipment Corporation wurde ein Expertensystem entwickelt, das potentiellen Kunden helfen soll, optimale Computersysteme aus mehr als 3 000 Komponenten zu konfigurieren.

3.6.2. Modellgesteuerte versus datengesteuerte Arbeitsweise

Umfangreiche Forschungen zum Problem der Künstlichen Intelligenz sind seit mehreren Jahren der Entwicklung von Expertensystemen für die Diagnose von Krankheiten in der Humanmedizin gewidmet. Analog zur Störungsanalyse in komplexen technologischen Anlagen hat der Mensch die Teilaufgaben *Erkennen, Bewerten* und *Analyse* von Störungen zu lösen, um Therapiemaßnahmen ergreifen zu können. Da das Aufgabenspektrum weitgehend übereinstimmt, sind viele der dabei gewonnenen Erkenntnisse auf die Störungsanalyse übertragbar. Gewisse Einschränkungen ergeben sich allerdings aus den anspruchsvollen Echtzeitforderungen in der on-line-Störungsanalyse.

Zwei unterschiedliche Diagnoseverfahren können unterschieden werden:

1. *Datengesteuerte Diagnose:* Aus den Objektparametern (Befunde) werden Hypothesen in Form allgemeiner Krankheitskategorien abgeleitet. Es handelt sich um ein deduktives Verfahren, in dem der Zustandsvektor klassifiziert und damit die auszugebende Informationsmenge quantitativ (aber auf qualitative Weise) reduziert wird.

2. *Modellgesteuerte Diagnose:* Prototypische Krankheitsbilder sind in der Wissensbasis des Systems als konzeptuelle Einheiten enthalten. Die Lösung des Diagnoseproblems besteht darin, jene Hypothesen (konzeptuelle Einheiten) zu finden, die den bekannten Befunden (Objektparametern) am besten entsprechen. Wenn sich eine Hypothese bestätigt, wird nach spezifischeren Subhypothesen gesucht. Bestehen weitgehende Übereinstimmungen der Daten mit dem charakteristischen Datenmuster der aktuell betrachteten Hypothese, so ist es sinnvoll, alternative, d. h. assoziativ verknüpfte Hypothesen zu untersuchen. Der Lösungsraum, die konzeptuelle Hierarchie, wird schrittweise reduziert, indem bestimmte Interpretationen, die prototypischen Krankheitsbilder, ausgeschlossen werden. Die Suche ist zu beenden, wenn eine betrachtete Hypothese sowohl hinsichtlich des Grades an Spezifikation als auch bezüglich der Übereinstimmung von erwarteten und tatsächlich vorhandenen Werten von Objektparametern den durch den Nutzer gesetzten Anforderungen entspricht.

Die modellgesteuerte Diagnose weist gegenüber dem datengesteuerten Verfahren einige Vorzüge auf [55]:

1. Sie ist gegenüber *falschen* bzw. *fehlenden Daten* weniger anfällig. Die Schlußfolgerungsregeln der datengesteuerten Variante sind positiv, d. h., aus vorhandenen Informationen wird gefolgert, um Hypothesen aufzustellen. Damit besteht allerdings die Gefahr, daß mögliche Lösungen übersehen werden, wenn Informationen fehlen bzw. falsch sind. Dagegen arbeiten modellgesteuerte Methoden nach einem *Hypothese-Test-Verfahren.* Zu den Daten in Widerspruch stehende Hypothesen werden ausgeschlossen. Durch Festlegung eines für den Ausschluß einer Hypothese nötigen Grades an Widersprüchlichkeit gehen — auch bei geringfügig verfälschten Daten — mögliche Lösungen nicht verloren. Die übrigbleibende Lösungsmenge ist eventuell etwas zu groß.

2. Sie nutzt die vorhandenen Daten *effektiver* aus. Die Redundanz der Daten bewirkt bei datengesteuerten Methoden jedoch eine mit der Komplexität des Problems rapide anwachsende Anzahl möglicher Schlußfolgerungen. Aus diesen werden anhand der Daten Hypothesen abgeleitet. Es ist nicht auszuschließen, daß im Bemühen, alle möglichen Hypothesen zu finden, mehrfach auf ein und dieselbe Hypothese geschlossen wird. Dagegen sichert die Suche

im Lösungsraum (prototypische Krankheitsbilder) bei der modellgesteuerten Variante, daß jede Hypothese höchstens einmal untersucht wird.

3. Bei umfangreicher werdenden Problemen wächst der *Lösungsaufwand* langsamer. Die Anzahl der möglichen positiven Schlußfolgerungen nimmt mit der Menge verfügbarer Daten erheblich zu. Demgegenüber sind negative Schlußfolgerungen (Ausschließen von Hypothesen) dadurch gekennzeichnet, daß der Lösungsprozeß schneller konvergiert, wenn die Datenmenge anwächst. Größere Datenmengen erlauben es, mehr Hypothesen rascher auszuschließen, so daß sich der zu untersuchende Lösungsraum schneller reduziert.

4. Mit der Implementation von konzeptuellen Einheiten ist ein *Kontext* für den Diagnoseprozeß explizit definiert, nämlich die jeweils aktuell betrachtete konzeptuelle Einheit. Die Kenntnis typischer Datenmuster erlaubt es, aus widersprüchlichen Informationen auf fehlerhafte Daten zu schließen. Durch den explizit bekannten Kontext im Diagnoseprozeß ist es möglich, die Diagnoseergebnisse besser zu begründen, da ein Zurückverfolgen aller Entscheidungen, einschließlich der Gründe für diese Entscheidungen, erleichtert wird.

In beiden Fällen ist es möglich, auf parallel auftretende Krankheiten zu schließen. Bei der modellgesteuerten Diagnose ist das gegeben, wenn mehr als eine Hypothese im Lösungsraum übrig bleibt.

Die Vorzüge der modellgesteuerten Variante müssen jedoch relativiert werden.

1. Die anzuwendende Methode ist von den tatsächlich zur Verfügung stehenden Schlußregeln abhängig.
   Sind diese sehr allgemein, dann ist die modellgesteuerte Variante vorzuziehen. Der Lösungsraum läßt sich schnell einschränken. Sofern sie sehr speziell sind, erweisen sich datengesteuerte Lösungen als günstiger. Die Anzahl der in einer gegebenen Situation potentiell möglichen Schlußfolgerungen ist dann beschränkt.
2. Von Einfluß ist auch die Zuverlässigkeit der vorhandenen Schlußregeln. Insbesondere negative Schlußfolgerungen, z. B. das Ausschließen von Interpretationen, die besonders gefährliche Krankheiten bzw. Störungen widerspiegeln, tangieren die Akzeptanzproblematik erheblich und sind vorzugsweise im Dialog vorzunehmen.

Die erste Implementation der modellgesteuerten Methode wurde im Expertensystem DENDRAL vorgenommen [29]. Aus Massenspektrogrammdaten werden Hypothesen über mögliche Strukturformeln der untersuchten organischen Substanz abgeleitet. Für dieses Verfahren ist umfangreiches chemisches Wissen über Bindungen, Stabilität von Verbindungen und mögliche Komponenten nötig. Für alle aufgestellten Hypothesen wird anschließend ein theoretisches Massenspektrogramm bestimmt, anhand dessen die wahrscheinlichste Hypothese ausgewählt wird.

3.6.3. Beispiele aus der medizinischen Diagnostik

Das bekannteste Expertensystem der Medizin ist MYCIN [30]. Die Arbeit daran begann 1972 in Stanford. Erklärtes Ziel war, ein Hilfsmittel für Ärzte bereitzustellen, um die Anzahl fehlerhafter Behandlungen von Infektionskrankheiten mit Antibiotika zu reduzieren. Die Wissensbasis des Systems wurde in enger Zusammenarbeit von Spezialisten der KI und der Medizin entwickelt. Die Darstellung des Wissens erfolgte in der Form von Produktionsregeln. Die Arbeitsweise des Systems vollzieht sich in vier Stufen:

1. Entscheidung, ob es sich um eine Infektionskrankheit handelt,
2. Bestimmung des Erregers,
3. Bestimmung potentiell anwendbarer Antibiotika,
4. Auswahl einer geeigneten Therapie.

Das Problemlösungsverfahren ist das der Rückwärtsdeduktion. MYCIN arbeitet datengesteuert. Die Objektparameter werden aus Labordaten und aus vom Arzt beobachteten Symptomen gewonnen. Die Diagnose erfolgt interaktiv. Es handelt sich um ein Konsultationssystem. Ein separates Erklärungssystem dient dazu, alle Schlußfolgerungen sichtbar zu machen, um die Resultate, die Therapie, zu begründen. Für MYCIN wurde ein spezieller Mechanismus zur Indizierung von Wissen entwickelt. Den Objektparametern sind Informationen so zugeordnet, daß sie die Produktionsregeln im Bedingungs- bzw. Aktionsteil referieren. Bestimmte Teilmengen von Objektparametern werden in einem bestimmten Zusammenhang, z. B. in einer Laboruntersuchung, gewonnen. Diese Teilmengen sind zu sogenannten *Kontextbäumen* zusammengefaßt. Neben dem Objektparameter selbst wird in den Produktionsregeln auch der Kontext, dem dieser Parameter zuzuordnen ist, spezifiziert. MYCIN kann sowohl mit unsicheren Daten als auch mit unsicherem Wissen arbeiten. Den Objektparametern und den in den Produktionsregeln enthaltenen Schlußfolgerungen werden Wahrscheinlichkeiten zugeordnet. Dementsprechend sind die als Ergebnis der Diagnose aus Daten abgeleiteten Hypothesen mit einer numerisch berechneten Maßzahl, ihrer Wahrscheinlichkeit, verknüpft. Besonderheiten der Definition der Produktionsregeln in MYCIN sind folgende:

1. Die Bedingungen sind sowohl durch logisches UND als auch durch ODER miteinander zu verbinden.
2. Für den Fall, daß sich für den Bedingungsteil FALSE ergibt, kann im Aktionsteil ein ELSE-Zweig spezifiziert werden.

Die Arbeit des Produktionsregelinterpreters beruht auf einer fest definierten Syntax der Regeln. Wird die Wissensbasis entsprechend dieser Syntax definiert, kann der Interpreter auch auf andere Anwendungsfälle übertragen werden. Auf diese Weise entstand die sogenannte EMYCIN-Familie.

Ein typisches Beispiel für die Anwendung der modellgesteuerten Methode ist CENTAUR [56]. Dieses Expertensystem dient der Diagnose von Lungenkrankheiten. Die Darstellung von Wissen erfolgt in symbiotischer Form. Prototypische Erkrankungen werden durch konzeptuelle Einheiten (Frames) repräsentiert. In ihnen sind Produktionsregeln enthalten, die entsprechend ihrer Funktion zu Gruppen zusammengefaßt sind:

1. *Trigger-Regeln,* die die assoziative Verbindung zwischen Objektparametern und Hypothesen (Prototypen) realisieren,
2. *Schlußregeln,* die zur Bestimmung der Werte der beschreibenden Objektparameter geeignet sind,
3. Regeln, die die Arbeitsergebnisse *zusammenfassen,* um sie dem Benutzer mitteilen zu können,
4. *Steuerungsregeln,* die festlegen, welche Aktionen zu ergreifen sind, wenn sich die betrachtete Hypothese bestätigt bzw. nicht bestätigt,
5. Regeln zur Bestimmung von *Spezialfällen* sowie des *Grades* der Erkrankung.

Die gesamte Wissensbasis ist als konzeptuelle Hierarchie organisiert und wird top-down untersucht. Alternative Prototypen sind durch assoziative Verbindungen auffindbar.

Weitere modellgesteuerte Lösungen werden in [57] beschrieben. Im *Present Illness Programme* werden mit Hilfe von Trigger-Parametern Hypothesen aktiviert. Die im Zusammenhang mit einer betrachteten Hypothese bestimmten Objektparameter erhöhen bzw. erniedrigen den Grad der Wahrscheinlichkeit, der dieser Hypothese beigemessen wird. Auf komplementäre und konkurrierende Hypothesen wird explizit verwiesen. Als Relationen zwischen zwei komplementären Hypothesen sind möglich:

1. kausale Beziehungen,
2. *verschärfende* Bedingungen,
3. assoziative Verknüpfungen.

Wird eine Hypothese aktiviert, so sind ihre komplementären Hypothesen automatisch halbaktiv. Diese können auch durch Nicht-Trigger-Parameter aktiviert werden.

Im Expertensystem INTERNIST besteht die Wissensbasis aus einer konzeptuellen Hierarchie prototypischer Krankheitsbilder. Es wird zwischen konkurrierenden und komplementären Hypothesen unterschieden. Zwei Hypothesen sind komplementär, wenn die Schnittmenge der darin betrachteten Objektparameter nicht leer, die Vereinigungsmenge aber gleichzeitig größer als jede der beiden Teilmengen ist. Sonst sind sie konkurrierend. Aus der Menge der konkurrierenden Hypothesen wird eine ausgewählt, um sie gemeinsam mit ihren Komplementen weiterzuverfolgen.

3.6.4. Probleme der Implementation

Die Leistungsfähigkeit jedes wissensbezogen arbeitenden Systems wird objektiv von fünf Faktoren bestimmt (Abb. 42),

1. den verwendeten Methoden des Problemlösens und der Wissensdarstellung,
2. der Quantität und Qualität des implementierten Wissens,
3. der verfügbaren Hardware,
4. der verfügbaren Software und
5. der Gestaltung der Schnittstelle zum Nutzer.

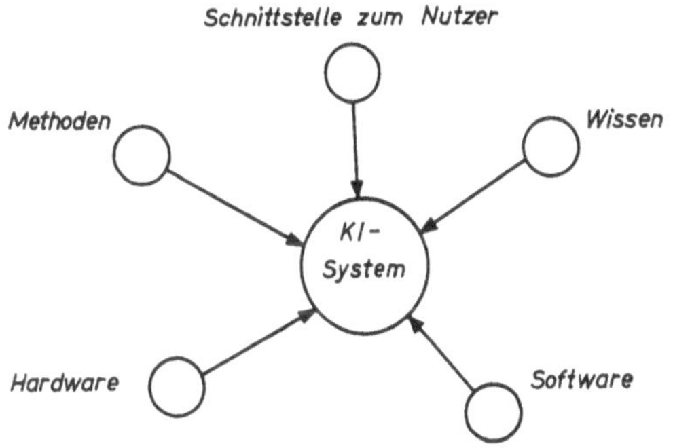

Abb. 42. Einflußfaktoren auf die Leistungsfähigkeit von KI-Systemen

Es ist zu untersuchen, welche Probleme die einzelnen Faktoren aufwerfen und welche Tendenzen für deren Lösung abgeleitet werden können:

Zu 1.: Die *methodischen Grundlagen* der KI müssen gegenwärtig als zusammenhanglose Sammlung empirisch gewonnener Ideen und Verfahren angesehen werden. Jede Applikation erfordert bereits im frühesten Stadium ihrer Entwicklung eine Übereinkunft über das im betrachteten Anwendungsfall bedeutsame Reservoir an Methoden der Problemlösung (Planen, Deduktion) und der Wissensdarstellung (Produktionsregeln, Frames usw.). Eine Entscheidung wird u. a. durch einen Mangel an Literatur hinsichtlich der Sammlung allgemeingültiger Methoden auf ausreichendem Abstraktionsniveau sowie Hinweisen zur Adaption allgemeiner Methoden auf konkrete Anwendungsfälle erschwert. Der gegenwärtige Stand realisierter Systeme ist noch durch einen erheblichen Anteil an Produktionsregelsystemen gekennzeichnet. Die Tendenzen zur symbiotischen Wissensdarstellung, d. h. der Kopplung verschiedener Methoden der Darstellung des Wissens, werden sich weiter vertiefen.

Zu 2.: Der Arbeitsaufwand bei der Gewinnung und Implementierung der *Wissensbasis* ist unverhältnismäßig hoch. Fünfzig Mannjahre sind keine Seltenheit. Der engen Zusammenarbeit von „Wissensingenieuren" (KI-Spezialisten)

mit den Fachleuten des jeweiligen Anwendungsgebietes wird oft nicht der erforderliche Rang beigemessen. Viele Entwicklungen, die nie das angestrebte Ziel erreichten, waren gerade in dieser Hinsicht durch unzureichende Konsequenz gekennzeichnet. Zur kommerziellen Nutzung gelangte Applikationen, z. B. DENDRAL, sind dagegen durch umfangreiches und sorgfältig implementiertes Wissen ausgezeichnet. Einheitliche Methoden der Wissensdarstellung würden die Anwendung von *Wissenseditoren* fördern und damit einen Effektivitätsgewinn bei der Implementierung und Wartung der Wissensbasis ermöglichen.

Zu 3.: Es ist abzusehen, daß der vollständige Durchbruch der KI-Technologie erst mit der Verfügbarkeit einer *Nach-VON-NEUMANN-Computergeneration* zu erwarten ist. Multiprocessing, datenflußorientierte Architektur sowie spezielle Hardware-Lösungen für den Zugriff zum Wissen (assoziative Speicher) und zu dessen Verarbeitung (komplexe logische Operationen) sind in diesem Zusammenhang wesentliche Komponenten. Ernstzunehmende Fortschritte werden in verschiedenen Ländern (vor allem in Japan) mit sehr stark forcierten Projekten der fünften Generation erzielt. Das bedeutet jedoch nicht, daß nicht bereits mit der gegenwärtig *verfügbaren Hardware* wesentliche Vorarbeiten und erste Applikationen nötig und möglich wären. Doch das wird nur der Beginn einer Entwicklung der Informationsverarbeitungstechnologie von der Daten- zur Wissensverarbeitung sein.

Zu 4.: Gegenwärtig sind zwei wesentliche *Implementationssprachen* für KI-Systeme verfügbar, nämlich:

a) LISP, mit ausgeprägten Fähigkeiten zur symbolischen Informationsverarbeitung, zur Unterstützung graphischer Datenstrukturen, sowie durch rekursive Programmierung, zu deren Verarbeitung.
b) PROLOG, das auf der Prädikatenlogik aufbaut sowie mit fest implementierter Deduktion und mit Backtracking ausgestattet ist.

Die weite Verbreitung von LISP ist auch historisch erklärbar. LISP ist, nach FORTRAN, die zweitälteste, heute noch gebräuchliche Programmiersprache. Gegenwärtig existiert eine größere Anzahl von Dialekten, von denen sich für KI-Anwendungen INTERLISP, QLISP, MACLISP und FRANZLISP weithin eingeführt haben. Die noch wenig entwickelte Standardisierung der KI-Methoden bedingt einen Mangel an weitverbreiteten Software-Werkzeugen. Zu nennen sind hier:

a) FRL: Wissensrepräsentation basierend auf dem FRAME-Konzept,
b) EMYCIN: Produktionsregelinterpreter für der Syntax des MYCIN-Systems genügende Regeln,
c) einige Spezialsprachen wie PLANNER, CONNIVER.

Gegenwärtig wird intensiv an der Entwicklung sogenannter leerer Expertensysteme gearbeitet, die durch den Einbau der aktuellen Wissensbasis in verschiedenen Einsatzfällen anwendbar sein sollen.

Zu 5.: Die Gestaltung der *Mensch-Maschine-Schnittstelle* ist entscheidend für die Akzeptanz erreichter Lösungen. Bestrebungen zur Verarbeitung natürlicher Sprache und zur rechnergestützten Bildverarbeitung sind Ausdruck der Tendenz, eine möglichst umfangreiche Anpassung der Rechentechnik an die Fähigkeiten des Menschen zu erreichen. Die Entwicklung von KI-Systemen ist auf den schrittweisen Ersatz des Menschen bei Tätigkeiten gerichtet, wofür allein routinemäßig enorme geistige Potenzen verlangt werden. Eine solche Substitution menschlicher Arbeitskraft birgt ein wesentliches Akzeptanzproblem in sich: Der Computer ist nicht mehr schlechthin eine Maschine, er ist auf einem Spezialgebiet ein Experte, quasi ein künstlicher Kollege mit Spezialbegabung. Auch hier trifft sicherlich der Grundsatz zu, daß ansprechende Leistungen die besten Argumente für ein KI-System sind. Es ist in diesem Zusammenhang hilfreich, wenn das Expertensystem nicht nur die Arbeitsergebnisse, sondern auch Hinweise für deren Herleitung ausgibt.

3.6.5. Darstellung von Meta-Wissen

Ein wesentliches Hemmnis für die Entwicklung von „leeren", also auf mehrere Anwendungsbereiche übertragbare Expertensysteme liegt in der Tatsache, daß nicht nur die Wissensbasis selbst, sondern auch eine Teilmenge der Problemlösungsstrategien problemabhängig ist. Diese Strategien werden unter dem Begriff Meta-Wissen (Steuerungswissen) zusammengefaßt [58].

Aktivitäten in dieser Hinsicht haben ihren Ausgangspunkt in den Schwierigkeiten wissensbezogen arbeitender Systeme bei effektiver Nutzung großer Wissensbasen. Selbst ausgeklügelte Indexierungsmechanismen, die eine vom Zustand bestimmte Zerlegung der gesamten Wissensmenge realisieren sollen, konnten einen Sachverhalt nicht aus der Welt schaffen: Die Auswahl des nützlichen Wissens ist mit erheblichem Aufwand verbunden und liefert im allgemeinen eine umfangreiche Konfliktmenge. Für die Auswahl eines Elements existiert kein allgemeingültiges Konzept.

Der Lösungsansatz besteht darin, nicht einfach die Existenz einer Konfliktmenge zu überwinden, sondern Mittel zur Manipulation dieser Menge im Sinne einer Konfliktlösung bereitzustellen. Es erweist sich, daß es nicht nur möglich ist, Wissen auf dem Objektniveau in kleinen, modularen Einheiten – z. B. Produktionsregeln – bereitzustellen, sondern daß dieses auch auf das Steuerungswissen ausdehnbar ist. Daraus ergibt sich zwangsläufig, daß die Konfliktlösung nicht mehr mittels fest vorbestimmter Algorithmen durchgeführt werden muß. Manipulationen der Konfliktmenge sind also als Problemlösungsvorgang im Sinne der Künstlichen Intelligenz aufzufassen. Erfolgt z. B. die Darstellung in Regelform, so können sich die Anwendbarkeitsbedingungen dieser Meta-Regeln auf Objekte der Wissensbasis beziehen und somit ihren problemspezifischen Charakter offenbaren. Die Modularität sowie die explizite Darstellung des Steuerungswissens reduzieren dessen Fehleranfälligkeit und fördern die Änderungsfreundlichkeit.

Die Diagnose unter Steuerung von Meta-Regeln kann als ein Verfahren zur Problemreduktion aufgefaßt werden (Abb. 43). Jeder Nicht-Blattknoten repräsentiert ein Teilziel, welches durch eine Menge von Regeln erreichbar ist [59].

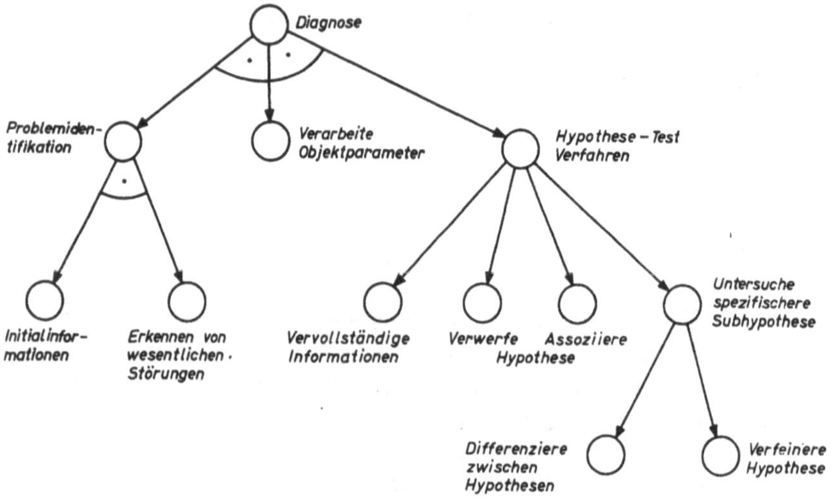

Abb. 43. Meta-Strategie für die Diagnose

Auf diese Weise wird eine modellgesteuerte Diagnose organisiert, bei der alle Entscheidungen hinsichtlich der kontextgesteuerten Datensammlung (Werte von Objektparametern) und des Ablaufs des Diagnoseprozesses mittels Meta-Regeln getroffen werden. Ein typisches Beispiel einer solchen Regel zur Differenzierung ist:

IF Zwei Hypothesen unterscheiden sich in einem wesentlichen Parameter,

AND dieser Parameter ist nicht logisch ableitbar,

THEN frage den Nutzer, um zwischen diesen beiden Hypothesen unterscheiden zu können.

Bezüglich der Verarbeitung bestehen zwischen den Meta-Regeln und den Produktionsregeln in der prozeduralen Wissensbasis keine Unterschiede. Sie werden vom gleichen Modul interpretiert.

3.6.6. Wissensbezogene Störungsanalyse in komplexen technologischen Systemen

Einige prominente Fachleute haben verschiedene Hypothesen über die Organisation und Nutzung von Wissen durch den Operateur einer komplexen technologischen Anlage, z. B. in einem Kernkraftwerk, aufgestellt [27, 34, 38, 60]. Als Essenz dieser Untersuchungen sind zwei Punkte zu nennen:

1. Das Spektrum möglicher Reaktionen auf Betriebsstörungen ist entsprechend der Komplexität der jeweiligen Störung gestaffelt (Abb. 44).
2. Das für das Erkennen und Behandeln von Störungen benötigte Wissen liegt als Stratifikation mehrerer Abstraktionsniveaus vor (Abb. 45).

Der Basisprozeß wird kontinuierlich überwacht. Auf einzelne Störereignisse kann unmittelbar mit geeigneten Maßnahmen reagiert werden. Diese *automatische Reaktion* wird als *skill-based* bezeichnet [61]. Für ausgewählte Muster von Störereignissen sind Prozeduren festgelegt, mit deren Hilfe eine optimale Therapiestrategie bestimmt wird. Die Auswahl der auf diese Weise zu behandelnden Störungen erfolgt entsprechend der Häufigkeit bzw. der Risiken, die mit ihrem Eintreten verbunden sind. Die Reaktion auf derartige Störungen wird als *angeleitet* (auch: *rule-based*) bezeichnet. In allen anderen Fällen muß der Operateur die nötigen Maßnahmen selbständig durch logisches Schließen aus seinem Wissen über den Prozeß ableiten. Es handelt sich um einen Problemlösungsvorgang im Sinne der Künstlichen Intelligenz. Der Operateur *löst* das ihm gestellte *Problem* wissensbezogen (*knowledge-based*). Seine Funktionen sind *Beobachten, Bewerten, Intervenieren* und *Planen* [87]. Entsprechend den Unterschieden zwischen den dabei gestellten Aufgaben sind verschiedene Komponenten der Wissensbasis von besonderem Interesse:

1. Beobachten: alle anfallenden Signale sind als „normal", „gestört" usw. zu interpretieren,
2. Bewerten: die Glaubwürdigkeit und Priorität der Signale ist zu bestimmen; anhand des Wissens über kausale Zusammenhänge werden Störungen diagnostiziert,
3. Intervenieren: Wissen über das dynamische Verhalten und Möglichkeiten der Einflußnahme sind erforderlich,
4. Planen: mit Hilfe des Wissens über mögliche Operationen und eventuell alternative Operationsziele werden geeignete Maßnahmen festgelegt.

Die Diagnose von Störungen ist ein deduktives Verfahren zur Untersuchung von Ursache-Folge-Zusammenhängen. Dem unterschiedlichen Abstraktionsgrad entsprechend ist das Wissen über kausale Beziehungen ein mehrschichtiges System (Abb. 45).

Die allgemeinen *Ziele* der Überwachung und Steuerung einer komplexen technologischen Anlage bestehen darin, die *Sicherheit, Verfügbarkeit* und *Effi-*

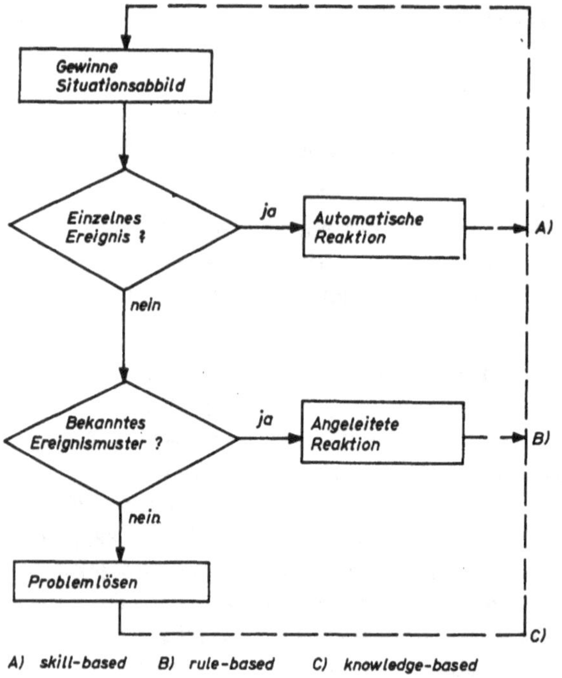

Abb. 44. Entscheidungsfolge in gestörten Situationen

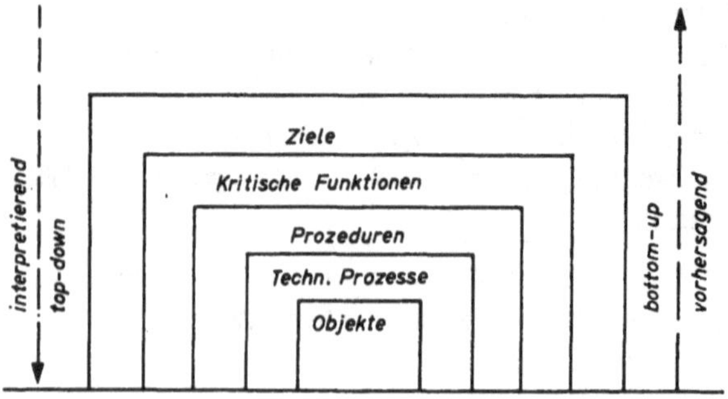

Abb. 45. Hierarchische Organisation der Wissensbasis

zienz zu gewährleisten. Damit diese Ziele erreicht werden können, sind bestimmte *kritische Funktionen* zu erfüllen. Für die Sicherheit eines Kernkraftwerkes sind dies z. B.

1. die Steuerung der Reaktivität,
2. der Druck im Reaktorkühlsystem,
3. die Temperatur im Reaktorkern.

Sogenannte *Störungskategorien* sagen aus, welche kritischen Funktionen ausgefallen sind und in welchem Maße diese gefährdet sind.

In top-down Richtung ist des weiteren Wissen über mögliche Maßnahmen und Prozeduren bzw. autonom ablaufende Prozesse (prozedurales Wissen) sowie im betrachteten System enthaltene und durch Prozesse beeinflußbare Objekte (deklaratives Wissen) verfügbar. Objektparameter, die sich auf Prozesse beziehen, werden auch als *Prozeßwerte* bezeichnet. Die Diagnose von Störungen durch den Operateur ist ein top-down Verfahren. Sie ist modellgesteuert. Störungen werden auf dem Niveau der kritischen Funktionen erkannt und *top-down* analysiert. Die Diagnose soll Erklärungen für einen eingetretenen Störfall liefern, d. h., daß sie *interpretierend* ist. Im Ergebnis der Diagnose werden Therapiemaßnahmen bestimmt, deren Auswirkungen auf den Zustand der kritischen Funktionen *bottom-up* simuliert werden. Das Diagnoseprinzip ist dann *vorhersagend.* Es ist datengesteuert.

Die Diagnose von Störungen gehört zur Klasse der Deduktionsprobleme. Die Folgen werden durch Vorwärtsdeduktion (Abb. 46) und die Ursachen durch Rückwärtsdeduktion ermittelt. Das Wissen über die kausalen Beziehungen von Störungen kann in der Form von Produktionsregeln dargestellt werden. Beispiele dafür sind:

1.	IF	Turbine ist ausgefallen	} ← Ursachen
	OR	Reaktorabschaltsignal liegt an	
	THEN	Abschaltsignal auslösen	Folge
2.	IF	Sensoren des Speisewassersystems ausgefallen	} ← Ursachen
	OR	Steuerungskomponente des Speisewassersystems ausgefallen	
	OR	Temperatur der Speisewasserpumpen zu hoch	
	THEN	Ausfall des Kernreaktors	Folge

Während der Interpretation von Produktionsregeln wird nach jedem Takt ein Vergleich von Wissen und Daten vorgenommen. Die datengesteuerte Diagnose ist demzufolge besonders vorteilhaft im on-line-Modus. Die Datenbasis stellt ein internes Abbild des Prozeßzustandes dar (Ereignismuster). Auf aktivierte Ereignisse wird durch Anwendung von Produktionsregeln reagiert, um mögliche Folgen dieser Ereignisse vorherzusagen.

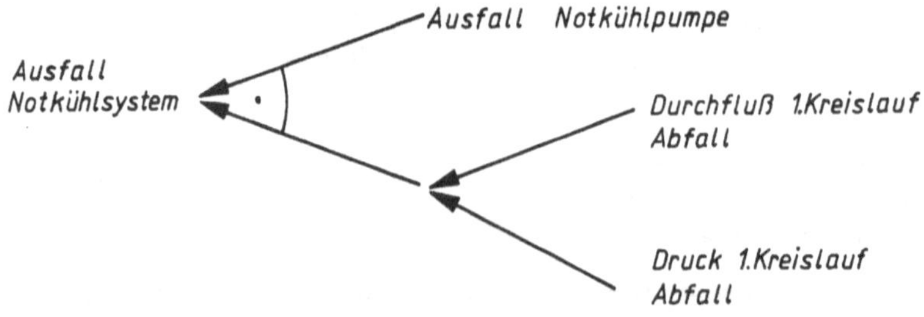

Abb. 46. Bestimmung von Folgen durch Vorwärtsdeduktion

Demgegenüber stellt die Bestimmung einer Therapiesteuerung ein Weg-Suche-Problem dar. Es wird jene Folge von Aktionen (Therapiemaßnahmen) gesucht, die einen gestörten Ausgangszustand in einen nicht gestörten Zielzustand überführt.

Weitere Anwendungsmöglichkeiten der *datengesteuerten Diagnose* sind:

1. *Abschaltungsrisiko:* Welche Auswirkungen hätte die Aktivierung eines bislang nicht aktivierten Ereignisses? Daraus läßt sich bei entsprechend ernsten Folgen die Notwendigkeit von Schutzmaßnahmen ableiten. Die zugeordneten Meßstellen sollten nicht abgeschaltet werden.
2. *Therapieeffektivität:* Es kann von einem proportionalen Zusammenhang zwischen aktuell eintretenden Primärstörungen und der Anzahl der zu ihrer Beseitigung nötigen Therapiemaßnahmen ausgegangen werden. Ist zum Beispiel aus zeitlichen Gründen (vorerst) nur eine Maßnahme (Behebung einer Primärstörung) möglich, dann ist von Interesse, welche Folgestörungen durch diese Maßnahme behoben werden.
3. *Prophylaxe:* In einem teilweise gestörten Prozeß sollen weitere Beeinträchtigungen vermieden werden. Das heißt, noch nicht aktive Ereignisse sollen unverändert bleiben. Daraus entsteht die Frage, welche neu hinzukommenden Primärstörungen eine solche Aktivierung auslösen könnten. Ist die potentielle Folgestörung gefährlich, dann sind zweckmäßigerweise prophylaktische Maßnahmen gegen die entsprechende Primärstörungen zu ergreifen.
4. *Begrenzte Therapie:* Eine bestimmte Störung soll beseitigt werden. Durch Einleiten von Therapiemaßnahmen gegen *alle* auftretenden Primärstörungen kann dieses Ziel *stets* erreicht werden. Es ist jedoch meist nicht nötig, diese aufwendige Variante zu wählen. Durch Bestimmung der kleinsten Tupel von Primärstörungen (Minimal Cut Sets), die für das betrachtete Ereignis verantwortlich sind, kann der Umfang einzuleitender Therapiemaßnahmen erheblich eingeschränkt werden.

Die Aufgaben 1. und 2. sind durch eine einfache Vorwärtsdeduktion lösbar, wogegen der Aufwand bei 3. und 4. auf Grund der rückwärtigen Suchrichtung höher ist. Sie werden daher durch Problemreduktion gelöst.

Prototypische Störsituationen in einer komplexen technologischen Anlage können in Form einer konzeptuellen Hierarchie dargestellt werden (Abb. 47). Die Diagnose ist dann modellgesteuert. Die für dieses Verfahren typischen negativen Schlußfolgerungen (Ausschließen von Hypothesen) tangieren in erheblichem Maße die Akzeptanzproblematik. Gegenwärtig ist davon auszugehen, daß solche Entscheidungen vorzugsweise im Dialog mit dem Bediener zu treffen sind. Ein interaktiver Diagnoseprozeß ist aber aus Effektivitätsgründen nur im off-line-Modus in einem Konsultationssystem zur post-mortem-Analyse möglich.

Als besonders aussichtsreich erscheint eine Kombination von daten- und modellgesteuerter Diagnose, dies aus folgenden Gründen:

1. Die datengesteuerte Komponente sagt aus gewonnenen Prozeßwerten potentiell aktive Störungskategorien vorher (bottom-up). Dieser Diagnoseprozeß läuft *automatisch* ab.
2. Die aktiven bzw. potentiell aktiven Störungskategorien werden an den Bediener ausgegeben. Dieser hat bei Bedarf die Möglichkeit, durch interaktive Diagnose die Ergebnisse der automatischen Diagnose zu interpretieren. Diese Komponente ist *modellgesteuert* (top-down).

Dieses Verfahren ist das Komplement zu dem vom Menschen ausgeführten Diagnoseprozeß, in dem diese beiden Komponenten in umgekehrter Reihenfolge ablaufen. Auf diese Weise wird der allgemeinen Strategie, den Operateur nicht zu ersetzen, sondern durch auf die Fähigkeiten des Menschen ausgerichtete Störungsanalysesysteme zu unterstützen, in günstiger Form entsprochen.

Bei der Implementation von KI-Systemen für Aufgaben im Komplex der Prozeßüberwachung und Prozeßsicherung sind Effektivitätsprobleme von besonderer Bedeutung. Sie ergeben sich aus:

1. der relativ aufwendigen wissensbezogenen Arbeitsweise (z. B. dem Interpreterzyklus für Produktionsregeln),
2. dem rechentechnischen Aufwand der Implementationssprachen (interpretative Arbeitsweise von LISP, hoher Hauptspeicherbedarf) und
3. dem Hauptspeicherbedarf für die Wissensbasis.

(Eine Abschätzung für die Produktionsregeln wird im allgemeinen gemäß der Formel

10^x Regeln mit $x = \log_{10}(m) - \log_{10}(n)$ und
m: K Bytes physischer Speicher
n: Anzahl der Nutzer im Timesharing-Betrieb

getroffen.)

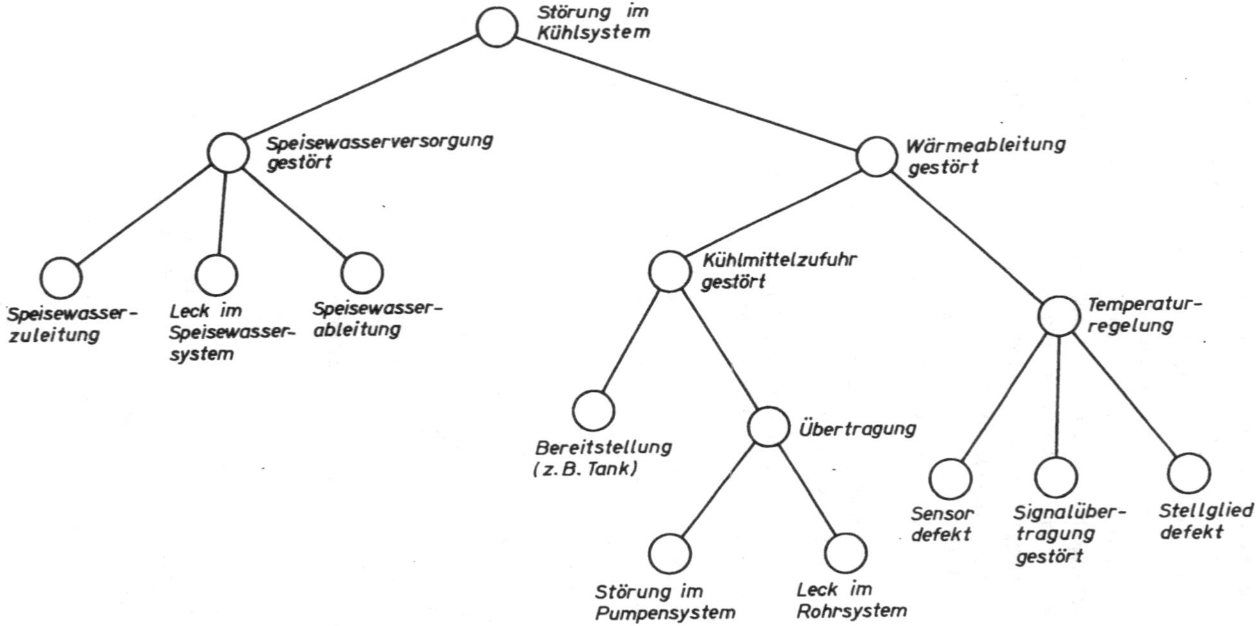

Abb. 47. Hierarchie prototypischer Störsituationen für einen Dampfgenerator (2. Kreislauf)

4. Mensch-Maschine-Kommunikation

4.1. Problem

Noch vor einigen Jahren wurden in der Diskussion zum Einsatz moderner automatisierungstechnischer Mittel auf der Basis der Mikroelektronik zwei Richtungen der Entwicklung untersucht – der *technozentrische* und der *anthropozentrische* Entwurf [67].

Die technozentrische Vorgehensweise behandelt Mensch-Maschine-Systeme lediglich gemäß den funktionellen Anforderungen unter Beachtung der verfügbaren gerätetechnischen Mittel. Den Menschen sah man als „Lückenbüßer" für solche Aufgaben an, die von der Technik noch nicht gelöst werden konnten. Der anthropozentrische Entwurf stellt dagegen den Menschen in den Mittelpunkt als planendes, entscheidendes und ausführendes Individuum. Beide Entwicklungsrichtungen wurden durch die These der Störungsanfälligkeit des Teilsystems Mensch-Maschine, das in seiner Wirkungsweise begrenzt werden sollte, begründet.

Heute hat sich die Erkenntnis durchgesetzt, daß das technozentrische Konzept nicht haltbar ist. Der Mensch ist unverzichtbarer Bestandteil des Mensch-Maschine-Systems mit spezifischen Aufgaben, die nur von ihm gelöst werden können. Diese allgemeingültige Aussage trifft insbesondere für die rechnergestützte Diagnose von Störungen in technologischen Prozessen zu.

Um die Eigenschaften und Qualitäten der menschlichen Komponente im Mensch-Maschine-System besser wirksam werden zu lassen, sind insbesondere Forschungen zur bestmöglichen Aufgabenverteilung zwischen dem Menschen und dem technischen System erforderlich.

Bisher dazu angestellte Untersuchungen zeigen, daß die derzeit eingesetzten Automatisierungsanlagen den Menschen nur ineffektiv im Gesamtsystem zur Geltung kommen lassen. Er wird insbesondere zu stark mit einfachen Überwachungs- und Steueraufgaben belastet und vor allem in unvorhergesehenen Situationen mit einer Unmenge von Informationen (Daten) überhäuft.

Eine Analyse der Leistungsfähigkeit des Menschen zeigt aber, daß sein Aufnahmevermögen für Informationen in einer bestimmten Zeiteinheit begrenzt ist. So wurden zum Beispiel während der Havarie in dem amerikanischen Kernkraftwerk TMI 2 in Harrisburg innerhalb von 30 Sekunden ca. 80 Alarmmeldungen im Steuerraum angezeigt [94]. Diese Informationsmenge übersteigt die menschliche Aufnahmefähigkeit erheblich.

Diese Situation läßt sich treffend mit der Aussage „Zuviel Daten – zuwenig Information" illustrieren. An diesen Erkenntnissen wird deutlich, daß sich der

Entwurf von Mensch-Maschine-Systemen auf die Analyse der menschlichen Eigenschaften und Fähigkeiten stützen muß. Mit Hilfe der verfügbaren technischen Mittel ist dann die bestmögliche Realisierung der Aufgaben des Mensch-Maschine-Systems anzustreben. Zur Untersuchung des menschlichen Verhaltens und der menschlichen Leistungsfähigkeit wurden und werden verschiedene Ansätze zur Modellierung menschlicher Verhaltensweisen betrachtet.

4.2. Modellierung des menschlichen Verhaltens

Es ist evident, daß die Aufgabe des Menschen im Mensch-Maschine-System darin besteht, Probleme zu lösen. Zum besseren Verständnis der Rolle des Menschen im Gesamtsystem wurden in den vergangenen Jahren diverse Modelle speziell zur Charakterisierung des Verhaltens von Operateuren untersucht.

In der Anfangsphase dieser Entwicklung galt das Interesse vorwiegend Modellen für Flugzeugführer. Mit der weiteren Entwicklung der Automatisierungstechnik für industrielle Anlagen rückten Untersuchungen über das Verhalten von Anlagenoperateuren zunehmend ins Blickfeld.

Gerade für das Gebiet der Störungsanalyse sind zuverlässige Kenntnisse über den Vorgang des menschlichen Problemlösens notwendig. Nur so kann gesichert werden, daß die Resultate der Störungsanalyse vom Operateur in adäquate Entscheidungen umgesetzt werden. Nach [38] läßt sich das Problemlösen in drei Ebenen zerlegen:

1. Erkennen und Klassifizieren,
2. Planung,
3. Ausführung und Überwachung.

Die erste Ebene umfaßt die Aufgaben des Erkennens des Problems und die Einordnung in eine bestimmte Kategorie. In der zweiten Etappe wird das Lösungsverfahren ausgewählt. Die dritte Ebene stellt schließlich den eigentlichen Prozeß des Problemlösens dar.

Zur Modellierung der ersten Ebene werden vorwiegend die Signaltheorie, Störungstheorie, Filtertheorie und die Mustererkennung verwendet. Die zweite Ebene wird mit Hilfe von Suchstrategien und die dritte mit Kompensationsmodellen beschrieben [38]. Zwischen den einzelnen Ebenen bestehen Rückkopplungsschleifen. Diese geben dem Operateur die Möglichkeit, eigene Fehler zu korrigieren. Während konventionelle Überwachungssysteme in der Hauptsache nur die erste Ebene des Problemlösens unterstützen, ist es das Ziel moderner Störungsanalysesysteme, dies für alle drei Ebenen zu gewährleisten.

4.3. Entwurf und Bewertung von Mensch-Maschine-Schnittstellen

Die enorme Spezialisierung und Arbeitsteilung bedarf für den Entwurf und die

Bewertung von Mensch-Maschine-Schnittstellen der interdisziplinären Zusammenarbeit von Forschern und Entwicklern verschiedenster Wissenschaftszweige.

Es hat sich gezeigt, daß es für den Entwurf der Mensch-Maschine-Schnittstellen vorteilhaft ist, aus der Analyse sowohl des Basisprozesses als auch der Aufgaben des Automatisierungssystems Richtlinien für die Gestaltung der Mensch-Maschine-Schnittstellen zu erarbeiten. Diese bilden dann die Grundlage für den Entwurf der Schnittstelle. Zur Aufstellung der Richtlinien werden u. a. demoskopisch-statistische Methoden herangezogen.

So wurden beispielsweise für den Entwurf eines fortgeschrittenen Steuerraumes (ACR – Advanced Controlroom) für Kernkraftwerke in Japan die Antworten von 200 Operateuren und Entwicklern auf 50 Fragen ausgewertet. Dabei war wesentlich, daß die Auswertung unter Beachtung der verschiedenen Betriebszustände (Anfahrbetrieb, Leistungsbetrieb, Lastwechselbetrieb usw.) geschah [92].

Einige wichtige Empfehlungen dieser Richtlinien lauten:

1. Es wird eine hierarchische Strukturierung der Informationen empfohlen. Zur Zeit stützen sich die meisten Systeme auf drei Hierarchieebenen:
   Ebene 1: Informationen über die Gesamtanlage (Übersichtsdarstellung),
   Ebene 2: Informationen über Teilsysteme und Komponenten der Gesamtanlage (Gruppendarstellung),
   Ebene 3: Informationen zur detaillierten Diagnose (Einzeldarstellung).
   Natürlich ist es möglich, mehr als drei Ebenen zu definieren. Eine zu große Anzahl ist aber wegen mangelnder Übersichtlichkeit zu vermeiden.
2. Die Gestaltung von Displaybildern muß den kognitiven Eigenschaften des Operateurs entsprechen. Die Bilder sollen aus wohldefinierten Elementen (Trendkurven, Symbolen, Tabellen usw.) zusammengesetzt sein. Die quantitative Erfassung des Anlagenzustandes ist in eine qualitative Darstellung umzusetzen.
3. Die Anzeige wichtiger Informationen erfolgt automatisch und mit hoher Priorität. Das trifft insbesondere im Störungsfall oder bei anderen unvorhergesehenen Ereignissen zu. Um Überschneidungen mit Bedienhandlungen des Operateurs zu vermeiden, ist es vorteilhaft, solche Informationen auf einen dafür reservierten und besonders gekennzeichneten Bildschirm auszugeben.
4. Zur Informationsanwahl sind geeignete funktionsorientierte Bedienelemente zu benutzen. Das Spektrum umfaßt Funktionstastaturen mit fester Zuordnung der Funktion, virtuelle Tastaturen sowie berührungsempfindliche Bildschirme (Touch screens).
5. Die Bildauffrischungsfrequenz sollte etwa zwei Sekunden betragen. Diese

Zeit resultiert aus der Leistungsfähigkeit derzeit verfügbarer Rechentechnik und dem Aufnahmevermögen des Menschen [66]. Ereignismeldungen sind bei ihrem Eintreffen sofort anzuzeigen.

6. Ein wesentlicher Gesichtspunkt beim Entwurf von Mensch-Maschine-Schnittstellen ist die Untersuchung unter dynamischen Bedingungen. Ein wirkungsvolles Instrument dafür sind Echtzeitsimulatoren für den zu überwachenden Prozeß. Es ist wesentlich, darauf hinzuweisen, daß auch in technologischen Prozessen betriebene Anlagen im Sinne ihrer Weiterentwicklung für dynamische Untersuchungen genutzt werden sollten.

4.4. Eine spezielle Mensch-Maschine-Schnittstelle für ein Störungsanalysesystem

Das im Abschnitt 5.1.6. behandelte Störungsanalysesystem SAAP-2 ist mit seiner Mensch-Maschine-Schnittstelle in das Gesamtsystem des *Hierarchischen Informationellen Systems* (HIS) des Rossendorfer Forschungsreaktors (RFR) eingebunden.

Das Beispiel der Mensch-Maschine-Schnittstelle des Systems HIS, einer Prototyp- und Forschungsanlage, ist allgemein recht instruktiv (Abb. 48). Im HIS werden zur Informationsdarstellung im wesentlichen Farbsichtgeräte und zur Bedienung Funktionstastaturen eingesetzt. Zwei Arten von Farbsichtgeräten sind zu unterscheiden, nämlich solche zum Einbau in Wandpanele und sogenannte Auf-Tisch-Geräte. Während die erste Art, bedingt durch den relativ großen Betrachtungsabstand, hauptsächlich der Darstellung von Übersichtsinformationen mit einer stark begrenzten Anzahl von Detailinformationen dient, sind die Auf-Tisch-Geräte für die Wiedergabe großer und detaillierter Informationsmengen geeignet. Alle darzustellenden Informationen sind in Ebenen und Seiten hierarchisch organisiert. Aus Abbildung 48 ist ersichtlich, daß die Informationen in Form eines Baumes (im graphentheoretischen Sinne) strukturiert sind. Die Anzahl der Ebenen ist auf sechs begrenzt. Für viele Aufgaben, z. B. die Darstellung von Prozeßgrößen, reichen weniger Ebenen aus.

Abbildung 49 zeigt den Zustandsgraphen des Kommunikationssystems des SAAP-2 mit der Zuordnung der Ebenen. Die Seitenzahl in den Ebenen 3 bis 5 ist variabel. Sie hängt von der Größe der verwendeten Störungsmodelle und dem aktuellen Anlagenzustand ab.

Die Anwahl von Bildern erfolgt mit Hilfe einer Funktionstastatur in Menütechnik [66], d. h., jedes Bild enthält Informationen, in expliziter oder impliziter Form, über weitere anwählbare Seiten. Die Anwahl wird mit Hilfe eines Cursors ausgeführt. Die Bewegung der Seiten erfolgt mittels der Funktionstasten *Seite vorwärtsblättern* bzw. *Seite rückwärtsblättern.* Analog dazu ist die

Abb. 48. Ebenen- und Seitenanordnung im Kommunikationssystem des HIS ▶

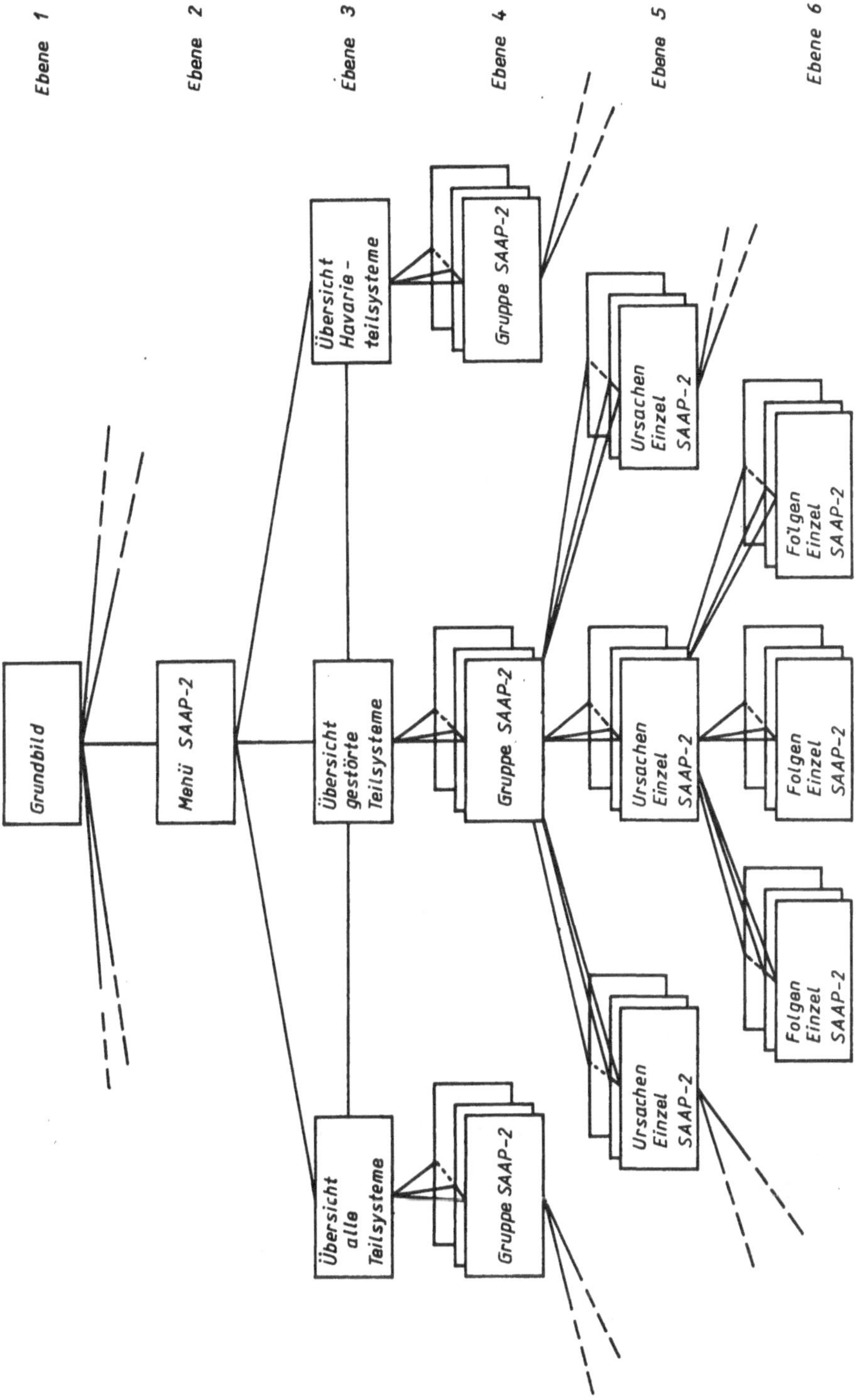
Ebene 1
Ebene 2
Ebene 3
Ebene 4
Ebene 5
Ebene 6
Grundbild
Menü SAAP-2
Übersicht Havarie-teilsysteme
Übersicht gestörte Teilsysteme
Übersicht alle Teilsysteme
Gruppe SAAP-2
Gruppe SAAP-2
Gruppe SAAP-2
Ursachen Einzel SAAP-2
Ursachen Einzel SAAP-2
Ursachen Einzel SAAP-2
Folgen Einzel SAAP-2
Folgen Einzel SAAP-2
Folgen Einzel SAAP-2

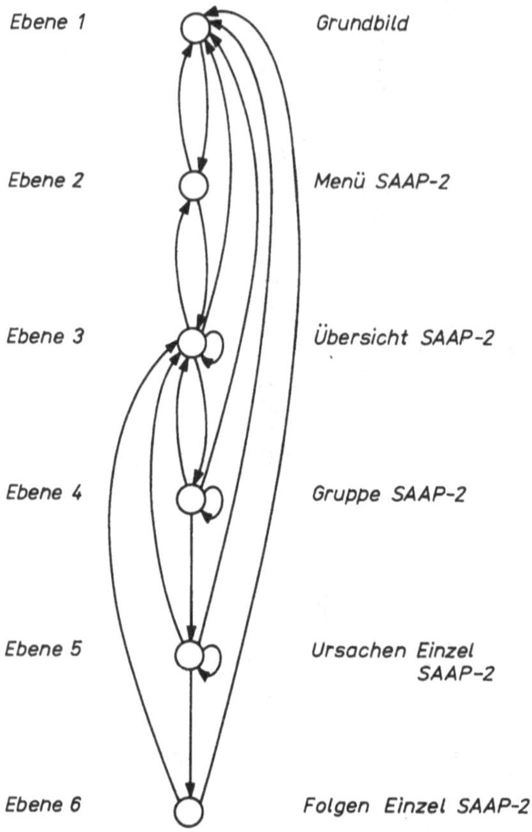

Abb. 49. Zustandsgraph des Kommunikationssystems SAAP-2

Bewegung in den Ebenen durch *Sprung in nächste Ebene* und *Rücksprung in vorhergehende Ebene* möglich.

Unabhängig von der jeweils angewählten Seite kann über eine spezielle Taste *Grundzustand* die erste Seite der Ebene 1 aufgerufen werden. Unter Berücksichtigung der beiden Funktionstasten *Cursor vorwärts* und *Cursor rückwärts* ergibt sich damit ein Tastenfeld mit sieben Funktionstasten pro Bildschirm für die Steuerung der Bildschirmanzeige. Diese Variante der Bildsteuerung ist wegen ihrer großen Flexibilität insbesondere für Forschungsanlagen geeignet. Darüber hinaus erlaubt sie die Benutzung von Programmen mit zustandsabhängiger Seitenzahl.

Die Beschreibung der Bildinhalte erfolgt in zwei Stufen. In der ersten Stufe werden alle konstanten Bildanteile beschrieben. Diese Informationen sind in einer Datei auf einem externen Massenspeicher abgelegt und werden einmalig bei Anwahl eines Bildes an das Farbdisplay ausgegeben. In der zweiten Stufe werden die variablen Bildanteile zeitzyklisch übertragen. Die Beschreibung der variablen Bildanteile erfolgt durch Unterprogramme. Die Zykluszeit für die Bildaktualisierung beträgt zwei Sekunden [66]. Zur Bildentwicklung steht eine spezielle Sprache auf Makro-Niveau zur Verfügung, die eine effektive Bilderstellung gestattet.

Auf jedem Bild ist ein Feld zur Anzeige von Alarmmeldungen reserviert. Stellt die Alarmmeldung ein Störereignis im Sinne von SAAP-2 dar, wird die automatische Diagnose ausgelöst. Durch die beschriebene Bedieneranwahl kann das Resultat der Diagnose auf dem Farbsichtgerät angezeigt werden.

Je nach Art der Störung können, beginnend mit dem Übersichtsbild, zunehmend detailliertere Informationen abgerufen werden. Informationsmengen, die sich nicht in einem Bild darstellen lassen, werden in mehreren Seiten abgelegt und bei Bedarf durch *Seitenumblättern* abgerufen.

Die Darstellung erfolgt qualitativ als Text – wobei soweit wie möglich die dem Bedienungspersonal geläufigen Abkürzungen verwendet werden – sowie in graphischer Form (Teilgraphen des Ereignisgraphen).

5. Spezielle Störungsanalysesysteme

5.1. Modellbezogene Störungsanalysesysteme

5.1.1. Historische Entwicklung

Die Problematik der on-line-Störungsanalyse im Kernkraftwerk wird in mehreren Ländern untersucht. Hier sei insbesondere auf Entwicklungen in Großbritannien, den USA, der BRD, der Ungarischen VR und der DDR eingegangen. In den ersten drei der genannten Länder werden komplette Kernkraftanlagen projektiert und gefertigt. Die Ungarische VR und die DDR betreiben lediglich Kernkraftanlagen. Die grundlegenden Ideen der unterschiedlichen Störungsanalysesysteme entsprechen sich jedoch weitgehend.

Die ersten Versuche mit on-line-Störungsanalysesystemen wurden Anfang der sechziger Jahre in Großbritannien vom Central Electricity Generating Board (CEGB) unternommen. Das Störungsanalysesystem des CEGB wurde im Jahre 1966 in den Kernkraftwerken Oldbury und Wylfa eingesetzt. Seine wesentliche Aufgabe bestand darin, die Anzahl der Alarmmeldungen zu reduzieren. Zur *Modellierung* des Störverhaltens wurden *Alarmbäume* verwendet. Alarmbäume sind spezielle Fehlerbäume zur Beschreibung der kausalen Zusammenhänge auftretender Alarmmeldungen. Die Darstellung der Resultate erfolgte mittels Bildschirmgeräten. Obwohl im System des CEGB bereits die Gesichtspunkte heutiger on-line-Störungsanalysesysteme weitgehend berücksichtigt worden sind, erfüllte es die Erwartungen nicht. Wesentliche Ursachen dafür waren der damals noch ungenügende Stand der Computertechnik sowie Mängel im Störungsmodell, vor allem zu geringe Flexibilität der Alarmbäume. Dennoch ist das CEGB-System als Vater aller späteren on-line-Störungsanalysesysteme anzusehen.

Gefördert durch die Weiterentwicklung der Computertechnik sowie durch die Analyse der Mängel dieser Anlage entstanden praktisch nutzbare Systeme für Kernkraftwerke. In den USA stellte das Electric Power Research Institut (EPRI) Untersuchungen für Kernkraftwerke an. Diese Arbeiten erfuhren erheblichen Auftrieb durch die Havarie im amerikanischen Kernkraftwerk Three Mile Island 2 (TMI 2) in Harrisburg. Deren Auswirkungen auf entsprechende Entwicklungen auch in anderen Ländern sind nicht zu übersehen.

Die Entwicklung des EPRI-Störungsanalysesystems setzte etwa 1976 ein. Dafür wurde in der Entwurfsphase ein Katalog von Anforderungen aufgestellt, der noch heute für Störungsanalysesysteme zutreffend ist. Ein erweiterter Anforderungskatalog wird in [69] behandelt. Das EPRI-System wurde als Demonstrationsanlage an einen Kraftwerkssimulator für einen Druckwasserreaktor angeschlossen und erprobt. Die Erprobung berücksichtigte auch ein Störereignis analog dem in Three Mile Island 2.

Obwohl beim Entwurf des EPRI-Systems zunächst nur die Erhöhung der *Verfügbarkeit* des Kernkraftwerkes beabsichtigt war, ergab die Simulation der TMI-2-Havarie auch einen Beitrag zur Sicherheit von Kernkraftanlagen.

1974 begannen Arbeiten zur Entwicklung eines on-line-Störungsanalysesystems in der Gesellschaft für Reaktorsicherheit Garching, BRD. Ab 1975 wurden diese Aktivitäten gemeinsam mit dem Institutt for Energiteknikk Halden, Norwegen, fortgesetzt. Dabei war ein Störungsanalysesystem für den Forschungsreaktor des Institutts for Energiteknikk in Halden zu entwickeln. Es bildete die Grundlage der Entwicklung des Störungsanalysesystems STAR (Störungsanalyserechner). Die ersten Einsatzfälle des STAR sind die Kernkraftwerke Grafenrheinfeld (Prototypsystem) und Biblis II. Die *Modellierung* des Störungsverhaltens erfolgt mittels *Ursache-Folge-Diagrammen.*

In der Ungarischen Volksrepublik wurde ein rechnergestütztes Steuer- und Überwachungssystem für den Forschungsreaktor WWER-SM des Zentralinstitutes für Physik (KFKI) der ungarischen Akademie der Wissenschaften entwickelt. Ein Bestandteil dieser Überwachungsanlage ist ein on-line-Störungsanalysesystem. Ausgehend von off-line-Methoden für Risikostudien entstand gemeinsam mit dem National Laboratories Risϕ, Dänemark, eine Methodik der Störungsanalyse, die wiederum auf Fehlerbäumen basierte. Die Erstellung von Fehlerbäumen war ein besonderes Anliegen dieser Bestrebungen. Das KFKI entwickelte dafür ein Programmpaket, das auf der Sprache μ-LISP [85] basiert. Gegenwärtige Aktivitäten sind auf die Umsetzung der bisherigen Ergebnisse auf ein on-line-Störungsanalysesystem für das erste ungarische Kernkraftwerk in Paks gerichtet. Erste Resultate zeigen sich in dem Programmsystem PANDA für post-mortem-Störungsanalysen.

In der DDR begannen mit der Installation von Prozeßrechnersystemen in den Kernkraftwerken Rheinsberg und Greifswald ebenfalls Arbeiten zur on-line-Störungsanalyse, die im wesentlichen vom Zentralinstitut für Kernforschung (ZfK) der Akademie der Wissenschaften der DDR getragen werden.

Erste Arbeiten richteten sich auf die Ergänzung der zeitfolgerichtigen Protokollierung von Ereignismeldungen durch die ablaufrichtige Protokollierung der Störereignisse. Dieser Ansatz wurde um die Aufgabenstellung der Analyse der Störung, d. h. die Aufdeckung der primären Ursachen und die Voraussage der möglichen Entwicklungen einer Störung, erweitert. Dafür waren zwei grundlegende Probleme zu lösen, nämlich die Auswahl geeigneter Störungsmodelle und eines Auswertungsalgorithmus.

Die Frage der Modellierung konnte durch die Entscheidung für Ereignisbäume relativ früh geklärt und durch positive Erfahrungen an anderen Systemen hinreichend begründet werden.

Die Untersuchungen zum Auswertungsalgorithmus resultierten im Störungsanalysesystem SAAP 1 (Störungsanalyse-Applikationsprogramm). Es ist seit 1981 durch den Übergang zu allgemeinen Ereignisgraphen (nicht notwendig Bäume) und einen entsprechend veränderten Auswertealgorithmus zum Störungsanalysesystem SAAP-2 weiterentwickelt worden. Tabelle 17 enthält einige der in der Literatur mitgeteilten Auslegungsdaten der unterschiedlichen Störungsanalysesysteme.

Tabelle 17
Ausgewählte Parameter von Störungsanalysesystemen

<table>
<tr><th colspan="2"></th><th>CEGB-System</th><th>EPRI-System</th><th>STAR</th><th>KFKI-System</th><th>SAAP-2</th></tr>
<tr><td colspan="2">Störungsmodell</td><td>Fehlerbäume</td><td>Ursache-Folge-Bäume</td><td>Ursache-Folge-Bäume</td><td>Fehlerbäume</td><td>Fehlergraphen</td></tr>
<tr><td rowspan="2">Eingangssignale</td><td>analog</td><td rowspan="2"></td><td rowspan="2">98</td><td>20</td><td>128</td><td>56</td></tr>
<tr><td>binär</td><td>400</td><td>200</td><td>64</td></tr>
<tr><td colspan="2">Anzahl der im Modell berücksichtigten Ereignisse</td><td>3000</td><td></td><td>2000</td><td></td><td>92</td></tr>
<tr><td colspan="2">Abfragefrequenz für Ereignisse</td><td>4 Hz</td><td>1 Hz</td><td>0,2 Hz</td><td></td><td>4 Hz</td></tr>
</table>

5.1.2. Das CEGB-System

Das wesentliche Anliegen beim Entwurf dieses Systems war es, die Anzahl der Alarmmeldungen zu reduzieren. Für die Erstellung der Alarmbäume wurden zehn Mannjahre aufgewendet [73]. Die Ursachen für das erwähnte Mißverhältnis zwischen Aufwand und Erwartung lagen in der damals begrenzten Leistungsfähigkeit der Rechner und ihrer Speicher, der unzureichenden Display-Technik sowie der mangelnden Flexibilität der Alarmbäume. Es war außerordentlich schwierig, die Alarmbäume zu ändern, nachdem sich Unzulänglichkeiten herausgestellt hatten.

Das Studium der Erfahrungen mit diesem System, insbesondere seiner Unzulänglichkeiten, bildete die Grundlage für den Entwurf des EPRI-Systems und des STAR der Gesellschaft für Reaktorsicherheit.

5.1.3. Das EPRI-System

Der Entwicklung des EPRI-Störungsanalysesystems liegt ein detaillierter Forderungskatalog zugrunde, der im wesentlichen folgende Punkte enthält [72]:

1. Schnittstelle zum Prozeß
   Die Informationsgewinnung sollte direkt von der Instrumentierung des Kernkraftwerkes sowie vom Prozeßrechner oder von beiden ausgehend möglich sein. Zusätzliche Sensoren sollten gefordert werden können. Der Nutzen muß die Kosten rechtfertigen.
2. Schnittstelle zum Operateur
   Die Anzeige der Resultate der Störungsanalyse muß im Steuerraum integriert sein.
3. Zeitbedingungen
   Die Störungsanalyse hat im Echtzeitbetrieb zu geschehen. Deren Ergebnisse sind unter solchen Zeitbedingungen zu präsentieren, daß der Operateur anhand dieser Informationen in den Prozeß eingreifen kann.
4. Qualifizierung der Informationsdarstellung
   Die Qualität und der Inhalt der dargestellten Informationen sind zu verbessern; überflüssige, also zweitrangige Alarme sollten unterdrückt werden. Die Überlastung des Operateurs mit Informationen sollte damit vermieden werden.
5. Störungsanalyse
   Die Störungsanalyse muß in der Lage sein, Störungen auf der Basis eines vorgefertigten, in einer Datenbasis gespeicherten Prozeßmodells zu analysieren. Im Falle einer Störung müssen die Natur, die Ursachen und die Folgen unmittelbar feststellbar sein. Mögliche Korrektureingriffe sind an den Operateur auszugeben.

Abbildung 50 zeigt die Struktur des EPRI-Störungsanalysesystems. Ein Störereignis im Sinne des EPRI-Systems ist die Verletzung eines Grenzwertes durch eine Eingangsgröße. Das wird vom Monitor festgestellt. Die Analyse wird aktiviert, sobald ein oder mehrere Störereignisse erkannt worden sind. Das Prototypsystem ist am Druckwasserreaktorsimulator der Combustion Engineering, Inc. installiert. Die Meßwerterfassung und -primäraufbereitung arbeitet bezüglich der Analyse asynchron. Die gerätetechnische Realisierung des EPRI-Systems ist in Abbildung 51 skizziert. Sie war durch vorhandene Hardware weitestgehend vorgegeben. In [72] wird betont, daß die Implementierung für ein reales Kernkraftwerk jedoch anders aussehen muß.

Die Störungsanalyse wird im EPRI-System in drei Ebenen ausgeführt.

Die erste Ebene beinhaltet einen einfachen Mustervergleich, um einfache Betriebsstörungen zu erkennen. Sie erfaßt ebenfalls eine Alarmreduktion für die nachfolgenden Ebenen.

In der zweiten Ebene werden Störungen analysiert, die durch komplexe logische Zusammenhänge und Ereignisfolgen charakterisiert sind. Darin werden Ursache-Folge-Bäume als Störungsmodell verwendet. Die Ergebnisse der zweiten Ebene werden während der Entwicklung einer Störung laufend aktualisiert, so daß der Operateur über den aktuellen Prozeßzustand ständig informiert ist.

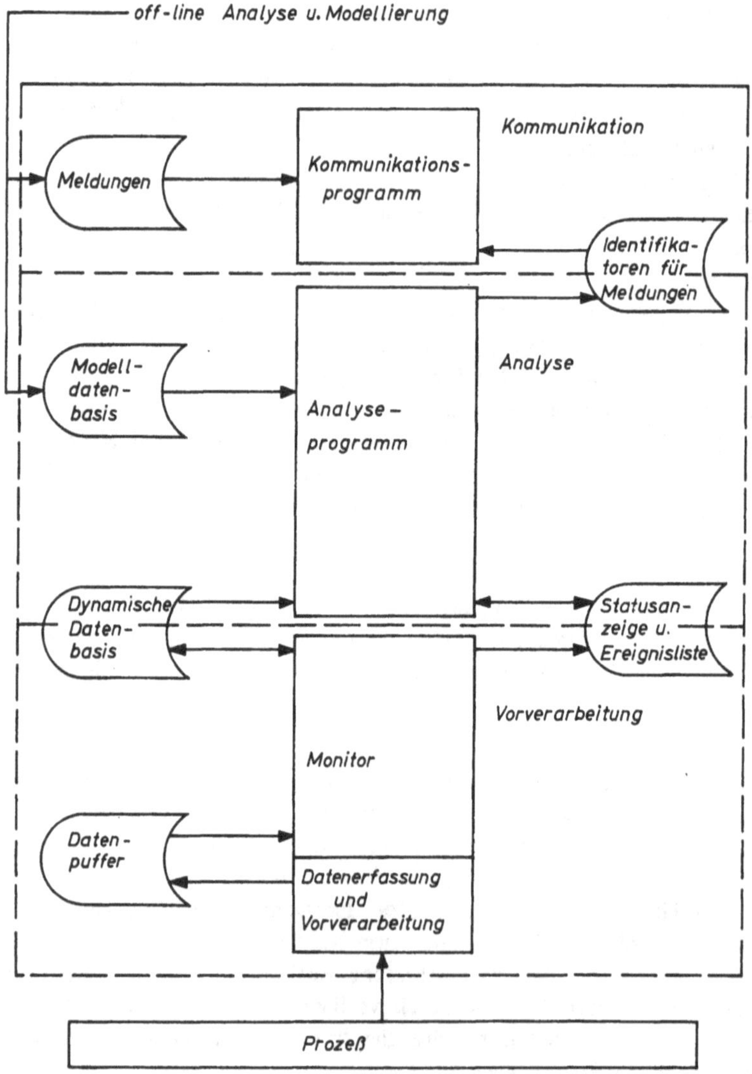

Abb. 50. Struktur des EPRI-Störungsanalysesystems

Gleichzeitig erfolgt eine Voraussage darüber, welches Ereignis als nächstes zu erwarten ist. Die implementierten Algorithmen erlauben auch dann noch eine korrekte Analyse, wenn einige Sensoren gestört sind.

Die dritte Ebene ist für solche Störungen vorgesehen, die numerische Be-

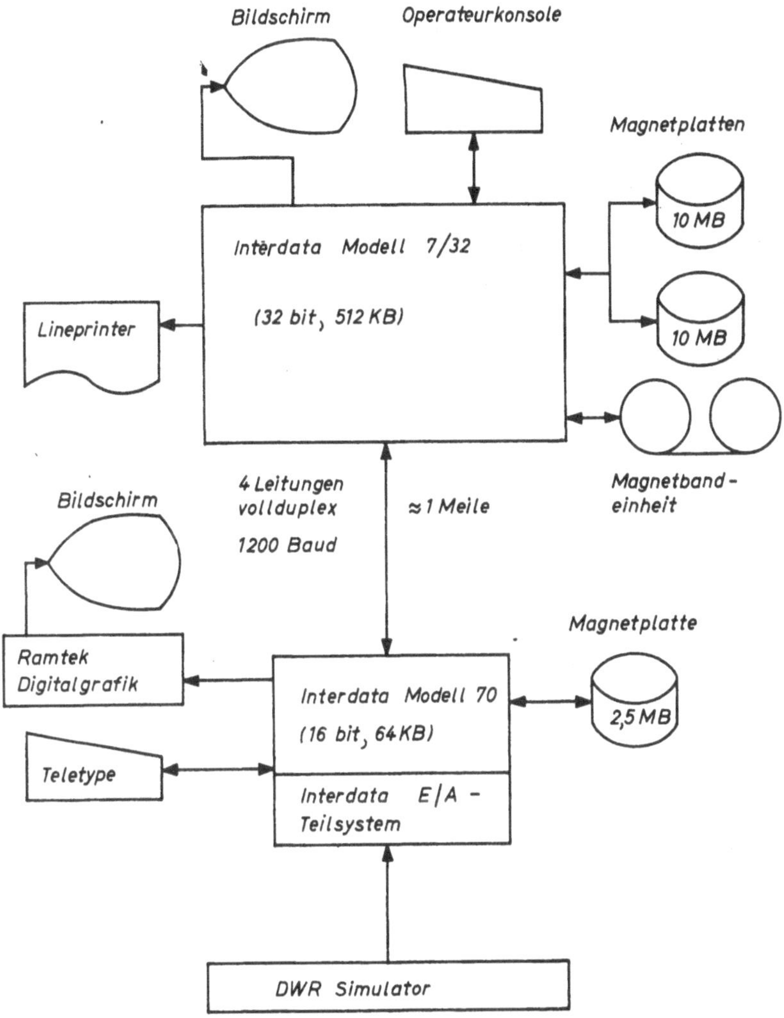

Abb. 51. Gerätetechnische Konfiguration des EPRI-Systems

rechnungen ingenieurtechnischer Größen erfordern. Diese Ebene ist sehr flexibel gehalten, so daß Störungen, die sich nicht in die Struktur der ersten und zweiten Ebene einpassen lassen, darin bearbeitet werden können.

5.1.4. Das System STAR der GRS

Das System STAR basiert auf einem Störungsanalysesystem, das speziell für den Forschungsreaktor in Halden, Norwegen, konzipiert wurde. Zielstellung war die Anwendung der Störungsanalyse auf große Kraftwerksblöcke. Das System STAR ist modular aufgebaut. Abbildung 52 zeigt seine Struktur.

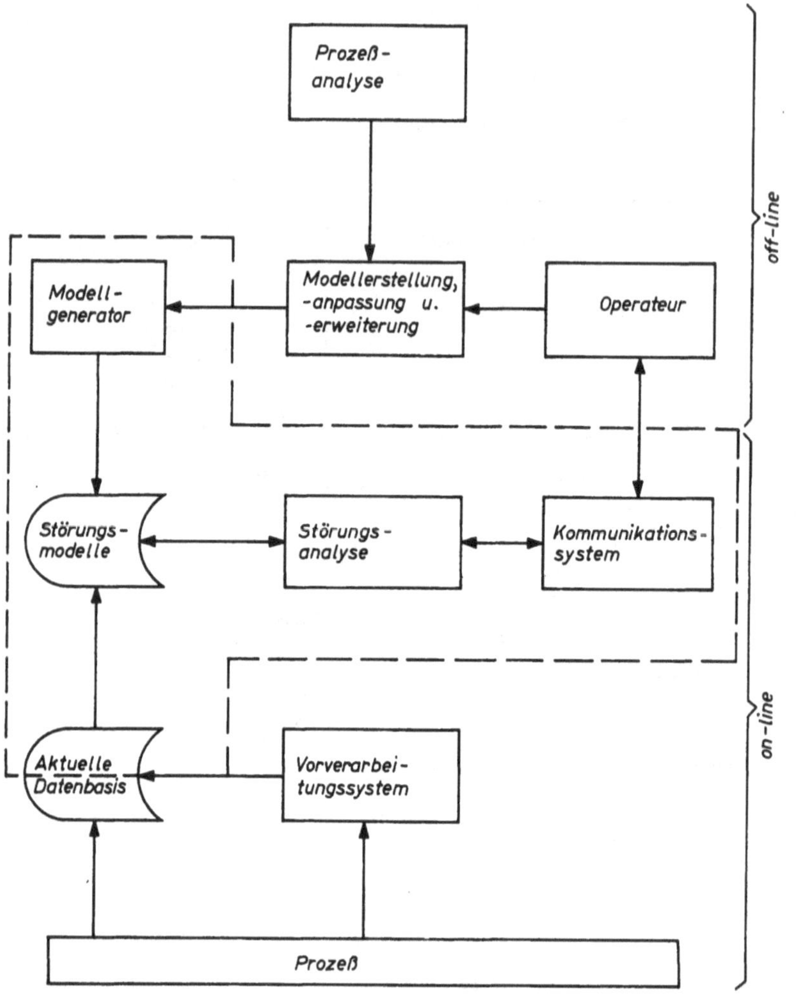

Abb. 52. Struktur des STAR

Das Prototypsystem des Störungsanalysesystems STAR wurde im Kernkraftwerk Grafenrheinfeld installiert. Die gerätetechnische Konfiguration ist in Abbildung 53 dargestellt. Dem Zugriff zu den Prozeßdaten diente die im Prozeßrechner des Kernkraftwerkes Grafenrheinfeld verfügbare Prozeßdatenbasis. Sie wird mit Zykluszeiten von 5 bis 60 Sekunden, je nach der Dynamik der Prozeßgrößen, aktualisiert.

Die Modellierung des Störungsverhaltens erfolgt mit Ursache-Folge-Diagrammen. Sie beinhalten etwa 2 000 Ereignisse. Nach jedem Abfragezyklus wird der

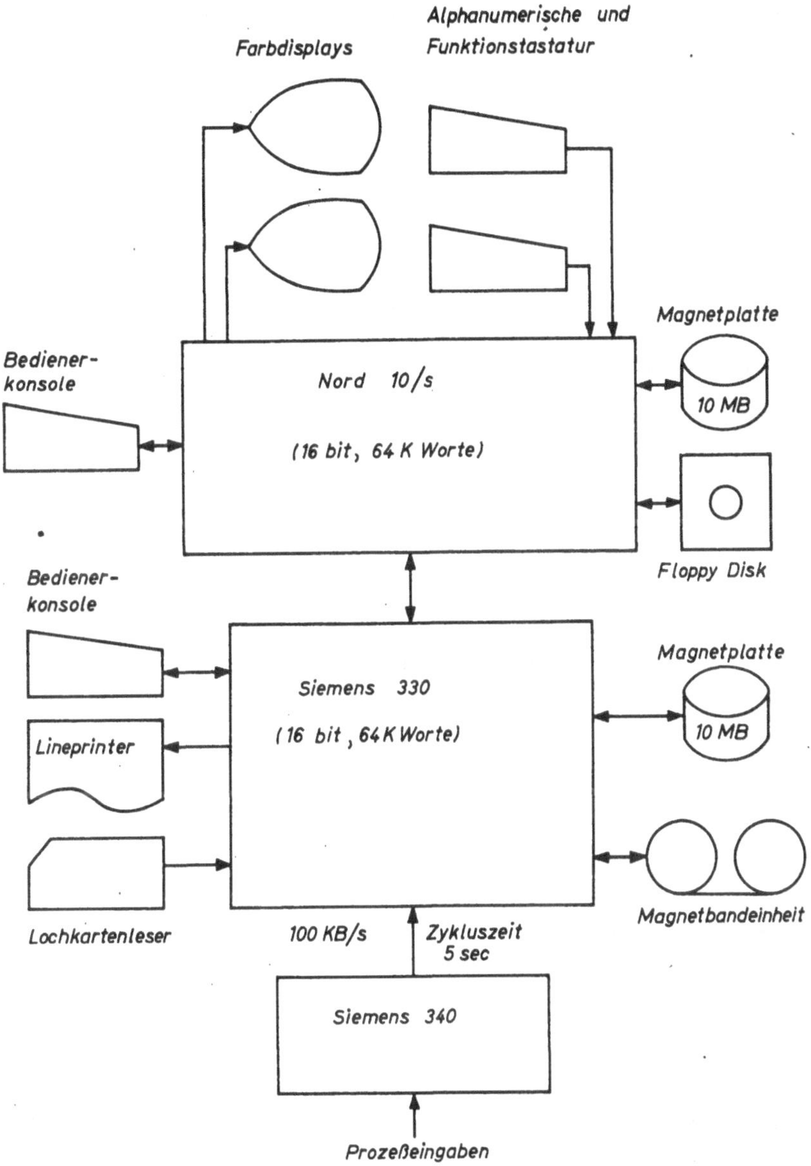

Abb. 53. Gerätetechnische Konfiguration des STAR im KKW Grafenrheinfeld

Prozeßzustand analysiert. Die Resultate zeigen zwei Farbbildschirmgeräte an. Zur Bedienung, Beantwortung von Fragen usw., stehen dem Operateur eine Funktionstastatur und eine alpha-numerische Tastatur zur Verfügung. Es wird eingeschätzt, daß Korrektureingriffe des Operateurs zur Vermeidung oder Verminderung von Störungen durch das System STAR frühzeitig ausgeführt werden können.

Kernstück des Systems ist der *Störungsanalysemodul.* Er erfüllt die Aufgaben der Alarmanzeige, geordnet nach Teilsystemen des Kraftwerkes, auf einem der beiden Farbsichtgeräte sowie die Störungsanalyse. Diese umfaßt die Aufdeckung der Störung, die Feststellung des aktuellen Zustandes des Prozesses und der primären Störursachen sowie die Berechnung möglicher Entwicklungen der Störung. Sind dem System mögliche Bedienereingriffe bekannt, dann werden diese als Empfehlungen für den Operateur zusätzlich auf dem Bildschirm ausgegeben.

Der Einsatz des Systems STAR in Grafenrheinfeld beschränkte sich auf das Hauptspeisewassersystem, das Hauptkondensatorsystem, das Kühlwassersystem der konventionellen Teile des Kraftwerkes, den zweiten Kühlkreislauf und die An- und Abfahrpumpen. Es zeigte sich allerdings, daß bei der Untersuchung von komplexen Störungen sehr umfangreiche Ursache-Folge-Diagramme zu betrachten sind. Außerdem werden dynamische Effekte nur ungenügend dargestellt.

Der Betrieb des Systems STAR zeitigte eine Reihe von Erfahrungen und Empfehlungen für die Entwicklung und industrielle Anwendung von Störungsanalysesystemen. In [5] wird dazu unter anderem ausgeführt:

1. die Darstellung der Analyseresultate erfordert mindestens zwei möglichst farbtüchtige Displays,
2. die Auswahl der vom Störungsanalysesystem zu bearbeitenden Störungen muß auf einer systematischen Analyse der Aufgaben des Operateurs erfolgen,
3. technische Einschränkungen beim Zugriff zu Prozeßdaten sind zu vermeiden (Zugriffszeiten, Meßstellenauswahl usw.),
4. die Dynamik des Prozesses ist stärker zu berücksichtigen,
5. Probleme der Mensch-Maschine-Kommunikation bedürfen der weiteren Qualifizierung.

5.1.5. Das KFKI-System

Das on-line-Störungsanalysesystem des Zentralinstitutes für Physik (KFKI) der ungarischen Akademie der Wissenschaften wurde als Bestandteil eines rechnergestützten experimentellen Überwachungssystems für einen Forschungsreaktor vom Typ WWER-SM entworfen. Das Staatliche Büro für technische Entwicklung unterstützte das Projekt.

Diese Anlage basiert auf einem zentralisierten Prozeßrechner mit einem R-10 (Lizenz MITRA 15, Frankreich) als Zentraleinheit. Das Störungsanalyseprogramm ist Bestandteil des Programmsystems PROCESS-24 K [82]. Abbildung 54 zeigt

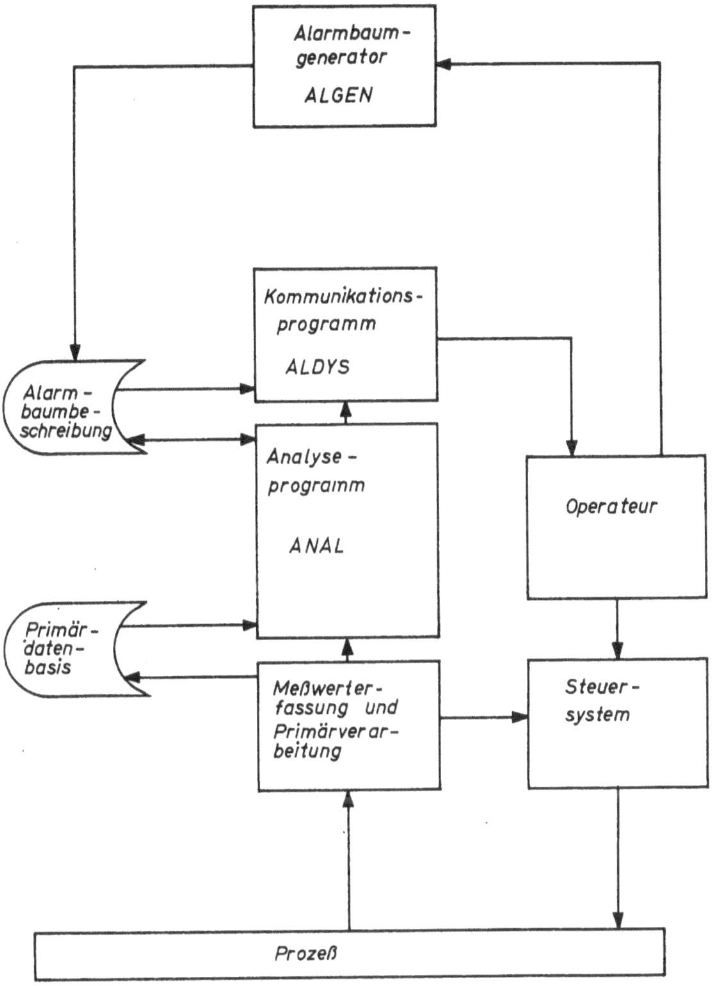

Abb. 54. Struktur des KFKI-Störungsanalysesystems

dessen Einordnung in das System PROCESS-24 K. Die im KFKI installierte Hardware-Konfiguration ist in Abbildung 55 dargestellt. Das System erlaubt es, 128 analoge Eingangssignale und ca. 200 binäre Ein- und Ausgangssignale zu verarbeiten. Neben den technologischen Werten der Reaktorinstrumentierung (z. B. Neutronenfluß, Temperaturen, Massedurchsätze, Drücke usw.) werden auch speziell entwickelte Meßkanäle für nukleare Messungen genutzt.

Die Analysemethode basiert auch hier auf Fehlerbäumen. Deren Beschreibung ist in der Sekundärdatenbasis gespeichert. Störereignisse sind Änderungen

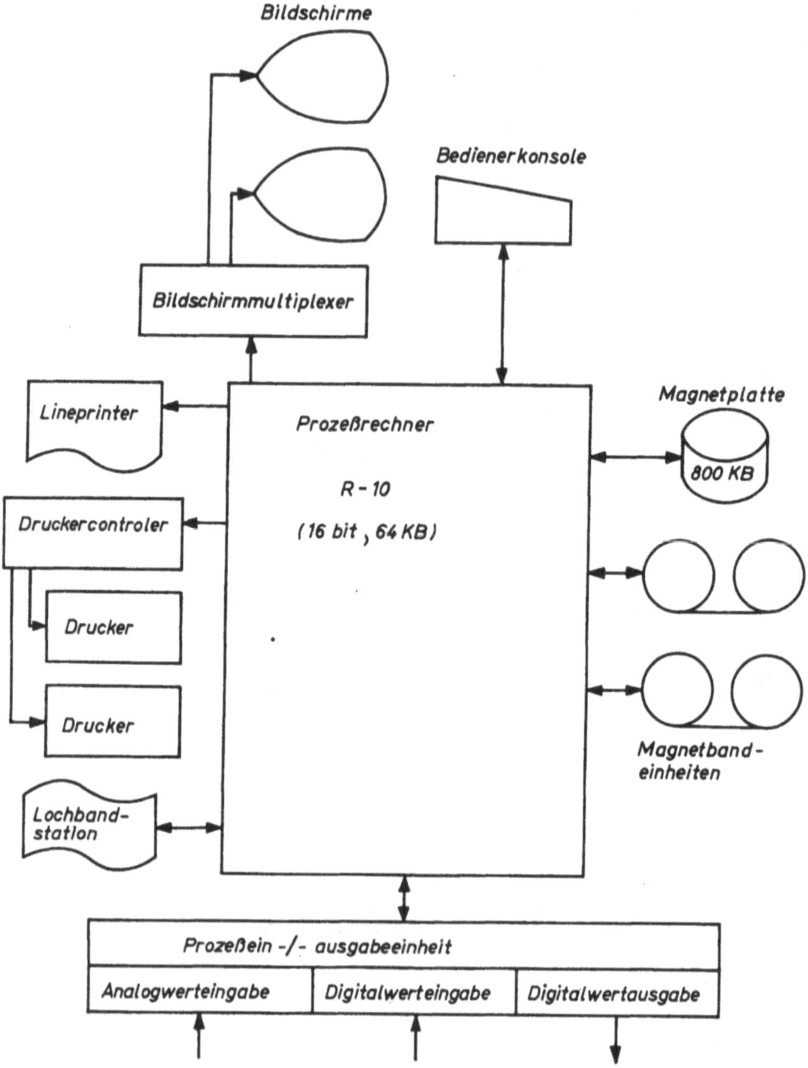

Abb. 55. Gerätetechnische Konfiguration für PROCESS-24 K

binärer Eingangsgrößen und Grenzwertverletzungen sowie die Rückkehr von Werten in vorgegebene Grenzen. Die Resultate der Störungsanalyse werden in Form eines Ereignisdruckes festgehalten. Zusätzlich zeigt ein Display alle Meldungen an, die eine Quittierung durch den Operateur erfordern.

Umfangreiche ungarische Arbeiten dienen dem Problem der Modellierung von Störungen. Aufbauend auf Arbeiten der National Laboratories Risø, Dänemark [86] zur off-line-Risikoanalyse entstand ein Programmsystem zur Modellerstellung und post-mortem-Analyse. Dieses Programmsystem PANDA [7] ist für den Einsatz im ersten ungarischen Kernkraftwerk in Paks vorgesehen. Es ist in einem Dialekt der Sprache LISP, dem Mikro-LISP, geschrieben.

Die Modelle setzen sich aus sogenannten Minifehlerbäumen (mini-fault trees) zusammen. Damit werden die Komponenten des Störungsmodells beschrieben und zu einer Komponentenbibliothek zusammengefaßt. Die Störungsmodelle entstehen dann durch Zusammenfügen von Komponenten. Für die post-mortem-Analyse läßt sich ein solches Modell mit aktuellen Daten überlagern und anschließend auswerten.

Da die Sprache LISP interpretativ abgearbeitet wird und nur Minicomputer zur Verfügung stehen, ist das beschriebene Verfahren noch nicht in on-line-Systemen anwendbar.

5.1.6. Das System SAAP-2

In der DDR begannen die Arbeiten zur Entwicklung eines Störungsanalysesystems für Kernkraftwerke Mitte der siebziger Jahre. Die ersten Arbeiten zielten auf die ablaufrichtige Protokollierung von Störereignissen sowie die Verringerung der Anzahl von Alarmmeldungen hin. Über einen Ansatz zur Verwendung der Entscheidungstabellentechnik [91] und später von Alarmbäumen führten die Entwicklungen zum Störungsanalysesystem für den Forschungsreaktor (RFR) des Zentralinstitutes für Kernforschung der Akademie der Wissenschaften der DDR auf der Grundlage von Ereignisgraphen. Die logische Struktur dieses Störungsanalyseapplikationsprogrammes SAAP-2 zeigt Abbildung 56. Dessen Aufgaben sind:

1. Erfassung und Protokollierung von Störungen des technologischen Prozesses;
2. Analyse von Meßstellen und der Gerätetechnik, Hinweise auf ausgefallene und defekte Meßstellen und Gerätefehler;
3. Ermittlung der Ursachen einer Störung;
4. Ermittlung der möglichen Folgen und – sofern das möglich ist –,
5. Angabe von Therapiemaßnahmen.

SAAP-2 ist integraler Bestandteil des dezentralen Hierarchischen Informationellen Systems HIS [88]. Dieses stellt eine prototypische Lösung für die Automatisierung in komplexen technologischen Anlagen dar. Als Leitrechner fungiert ein K 1630, der als Master mit verschiedenen Mikrorechnern verbunden ist. Abbildung 57 zeigt die Struktur des HIS.

SAAP-2 ist in den Multitask-Betrieb eingeordnet. Insbesondere wurde es an die HIS-internen Schnittstellen der Prozeß- und Bedienerkommunikation angepaßt.

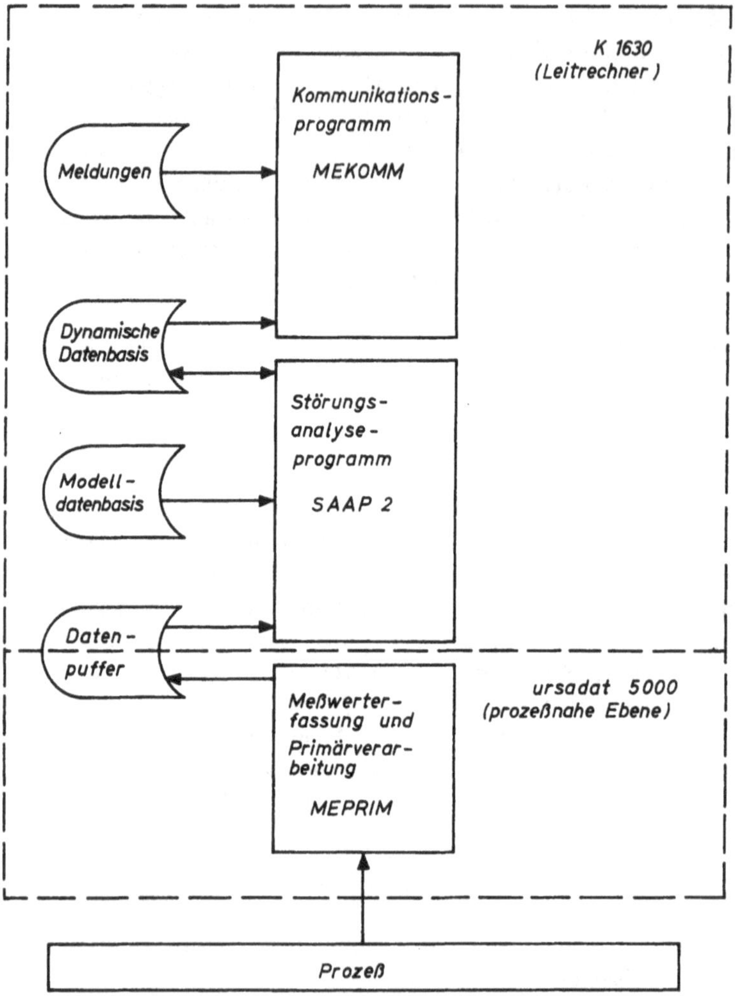

Abb. 56. Struktur SAAP-2

Die Meßwerterfassung, Primärdatenverarbeitung und Bewertung (Grenzwertüberwachung) obliegt im System HIS der prozeßnahen Ebene. Die Primärdatenverarbeitung schließt die Bildung nicht direkt meßbarer Parameter (Kenngrößen) ein. Prozeßgrößen werden nach Alarmklasse, Alarmtyp und Tendenz bewertet.

Alarmklasse: 1, abnorm; 2, Gefahr; 3, Havarie;

Alarmtyp: HOCH: Meßwert zu groß; NIEDRIG: Meßwert zu klein;

Tendenz: 0: stabil; 1: schneller Anstieg; 2: schneller Abfall.

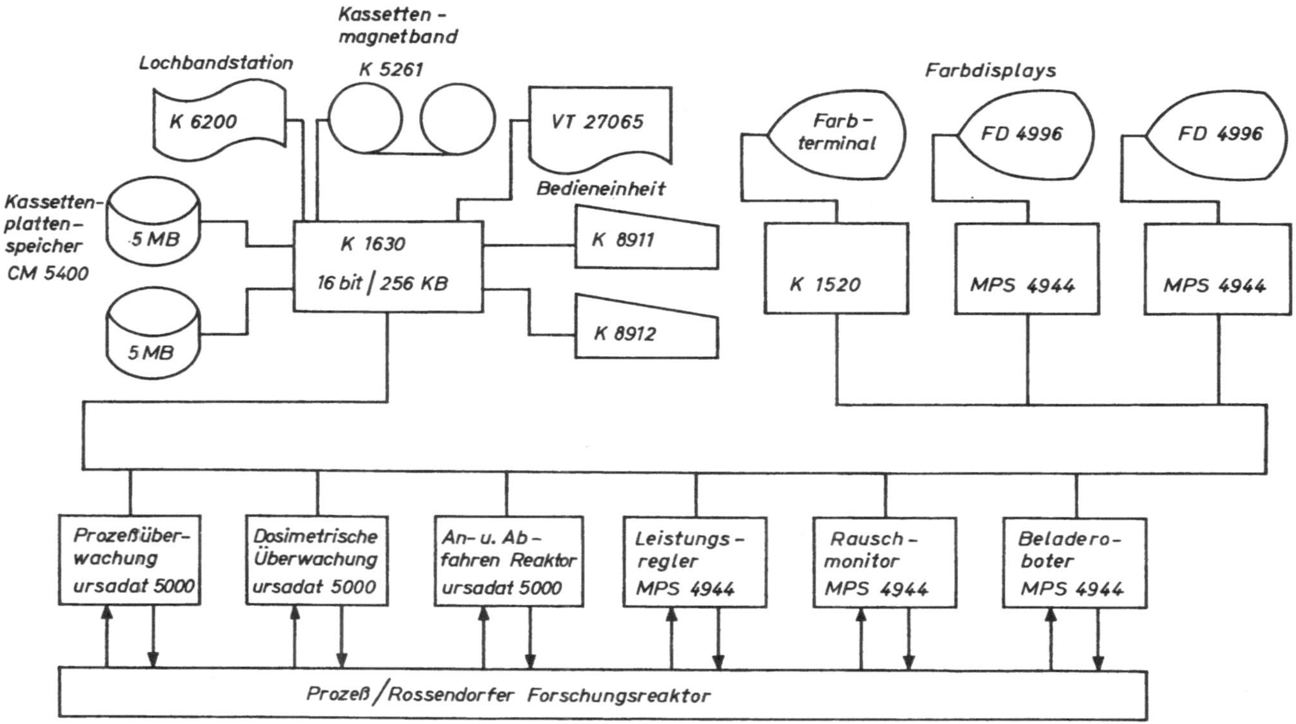

Abb. 57. System HIS am RFR

Durch Redundanz in der Informationsgewinnung wird in der prozeßnahen Ebene eine Gültigkeitsprüfung der anliegenden Informationen ausgeführt.

Es ist sinnvoll, nur signifikante Veränderungen in eine weitere Analyse einzubeziehen (Ereignisprinzip). Darin eingeschlossen ist ein Toleranzbereich, innerhalb dessen geringfügige Schwankungen um den jeweiligen Grenzwert ignoriert werden können.
Typische Prozeßwerte sind

NEUTRONENFLUSS / (2, HOCH, 1),
IMPULSMESSKANAL 1 / AUS.

Automatische Diagnose

SAAP-2 arbeitet prädiktiv, d. h., ausgehend von einer gegebenen Menge von Störereignissen werden durch Vorwärtsdeduktion mögliche Folgen vorhergesagt. Die Deduktionsregeln werden dabei in Abhängigkeit von logisch verknüpften Binärwerten angewendet. Im Falle der aus analogen Informationen gewonnenen sind Prozeßwerte Tripel der Form (Alarmklasse, Alarmtyp, Tendenz) zu bestimmen. Die Anzahl möglicher Prozeßwerte ergibt sich gemäß:

$$(\text{card}(\text{Alarmklassen}) \times \text{card}(\text{Alarmtypen}) + \text{card}(\text{Normalzustände})) \times \text{card}(\text{Tendenzen}) = (3 \times 2 + 1) \times 3 = 21$$

Vor Ausführung der Vorwärtsdiagnose für diese Prozeßwerte ist eine mehrstufige Transformation zur Realisierung der Abbildung der Prozeßwerte auf die Menge $\{0, 1\}$ durchzuführen, d. h.:

$$\text{Prozeßwert} \overset{1}{\rightarrow} \text{Markierung} \overset{2}{\rightarrow} \text{modifizierte Markierung} \overset{3}{\rightarrow} \text{Ereignis.}$$

Dazu sei bemerkt:

1. Die Markierungen werden aus den Alarmklassen der Prozeßwerte bestimmt:
   a) <u>IF</u> Alarmklasse = Havarie <u>THEN</u> Markierung = aktiv.
   b) <u>IF</u> Alarmklasse = Gefahr <u>OR</u> Alarmklasse = abnormal.
   <u>THEN</u> Markierung = potentiell aktiv.
   c) <u>IF</u> Alarmklasse = normal <u>THEN</u> Markierung nicht aktiv.

   Für die Prozeßwerte von binären Sensoren gilt entsprechend:
   0: nicht aktiv; 1: aktiv.
2. Die Markierung *potentiell aktiv* repräsentiert verletzte Voralarmgrenzen und dient damit dem frühzeitigen Erkennen des Ausfalls der entsprechenden Komponente. Dieser Prozeß kann unter Nutzung der Informationen über die Meßwerttendenz präzisiert werden. So werden z. B. Prozeßwerten der Alarmklasse Gefahr und des Alarmtyps HOCH nur bei den Tendenzwerten 0 (stabil) und 2 (schneller Abfall) Markierungen *potentiell aktiv* zugeordnet. Die Tendenz 1 (schneller Anstieg) bedingt, daß ein solcher Prozeß-

wert wie einer der Alarmklasse Havarie behandelt wird. Tabelle 18 enthält die komplette Entscheidungstabelle zur Bestimmung modifizierter Markierungen.

Tabelle 18
Entscheidungstabelle für modifizierte Markierungen

	Alarmklasse	Alarmtyp	Tendenz	modifizierte Markierung	GOTO
1	Havarie	HOCH	2	potentiell aktiv	Return
2	Havarie	NIEDRIG	1	potentiell aktiv	Return
3	Gefahr	HOCH	1	aktiv	Return
4	Gefahr	NIEDRIG	2	aktiv	Return
5	abnorm	HOCH	2	nicht aktiv	Return
6	abnorm	NIEDRIG	1	nicht aktiv	Return
7	normal	–	1	potentiell aktiv	Return
8	normal	–	2	potentiell aktiv	Return
9	–	–	–	= Markierung	Return

3. Ereignisse mit den Markierungen aktiv und potentiell aktiv bzw. nicht aktiv und potentiell nicht aktiv werden in der Vorwärtsdiagnose analog behandelt, d. h., ein Wechsel zwischen ihnen ist nicht signifikant und wird daher nicht als Ereignis betrachtet (vgl. Abb. 58).

Ereignisse sind signifikante Veränderungen des Prozeßzustandes. Typische Beispiele für Ereignisse sind:

a) NEUTRONENFLUSS 1 / aktiv,
b) IMPULSMESSKANAL 1 / nicht aktiv.

Der Prozeßzustand ist durch das Muster aller eingetretenen und vorhergesagten Ereignisse definiert.

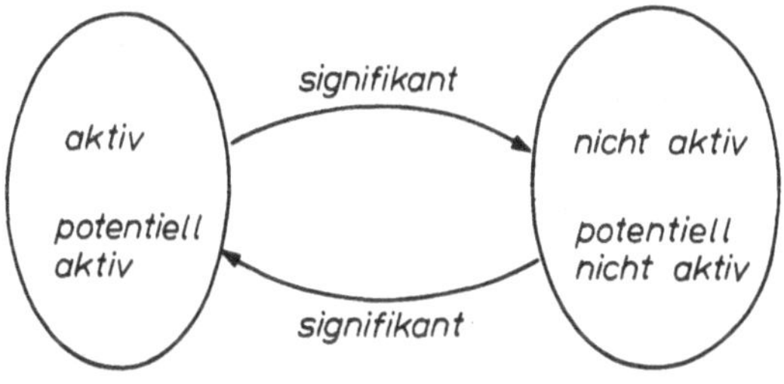

Abb. 58. Bestimmung von Ereignissen aus modifizierten Markierungen

Vorwärtsdiagnose

Das interne Abbild des Prozeßzustandes ist durch die Menge an Bewertungen, die modifizierten Markierungen, gegeben. Wird dieses Abbild als im Speicher existierend vorausgesetzt, beinhaltet die Diagnose nur noch die Bestimmung der Auswirkungen, die von den bestimmten Ereignissen in diesem Bewertungsmuster hervorgerufen werden. Der Diagnoseprozeß ist, wie bemerkt, eine Vorwärtsdeduktion. Die Bewertungen der potentiellen Folgen berechnen sich aus den Bewertungen der Ursachen wie folgt:

1. IF mindestens ein Ursacheereignis verknüpft mit logisch ODER ist aktiv bzw. potentiell aktiv,
   OR
   alle Ursacheereignisse verknüpft mit logisch UND sind aktiv bzw. potentiell aktiv,
   THEN das Folgeereignis ist potentiell aktiv.
2. IF alle Ursacheereignisse verknüpft mit logisch ODER sind nicht aktiv bzw. potentiell nicht aktiv,
   OR
   mindestens ein Ursacheereignis verknüpft mit logisch UND ist nicht aktiv bzw. potentiell nicht aktiv,
   THEN das Folgeereignis ist potentiell nicht aktiv.

Interaktive Diagnose

Die Ergebnisse der automatischen Diagnose können interaktiv ausgewertet werden, wobei die Ausgabe der Ergebnisse auf Farbbildschirmen erfolgt. Für die Störungsanalyse können hinsichtlich ihres unterschiedlichen Abstraktionsgrades drei Klassen von Bildern angefordert werden, und zwar:

1. Übersichtsbild: Zustand von Teilsystemen,
2. Gruppenbild: pseudo-graphische Darstellung für ein Teilsystem (Ordnung der Ereignisse entsprechend der Struktur des Ereignisgraphen),
3. Einzeldarstellung: Ausgabe von unmittelbaren Ursachen bzw. Folgen in graphischer Zwei-Ebenendarstellung.

Für die Einordnung in das baum-strukturierte Kommunikationssystem (Abb. 48) sind folgende Restriktionen zu beachten:

1. Alle Nutzer werden in der Ebene 1 (nach einer allgemeinen Übersicht) mit einem spezifischen Menübild eingeordnet. Die Möglichkeit des Umschaltens (Seitenblättern) zwischen diesen Menüs transformiert den Bildbaum in einem Graphen.
2. Der Ablauf einer Dialogsitzung mit SAAP-2 wird durch die Struktur des Störablaufmodells gesteuert. Das bedeutet: Es existiert – im Gegensatz zu ande-

ren Teilen des Kommunikationssystems – keine vorbestimmte Bildstruktur. Die Reihenfolge der Bilder wird in Abhängigkeit von der aktuellen Modelldatenbasis und den Operateureingaben, d. h. den Bedienhandlungen an den Funktionstasten, dynamisch berechnet.

Eine Schwierigkeit ergibt sich für die Einordnung in die baumartige Bildstruktur auf der Ebene der Einzelinformationen, da hier die Ursachen oder Folgen der Störungen schrittweise innerhalb eines graphischen Prozeßmodells sichtbar gemacht werden sollen. Zur Ursachenbestimmung wird ein Fehlerbaum erzeugt, der ebenenweise in den Bildbaum eingeordnet wird. Verschiedene Wege zwischen je zwei Knoten im Prozeßmodell schlagen sich in unterschiedlichen Bildfolgen nieder (Auflösung der transitiven Überbrückungen).

Daraus ergibt sich, daß gleiche Bilder – auf dem Niveau der Einzeldarstellung – auf verschiedenen Wegen erreicht werden können. Das erfordert die Durchmusterung des Prozeßmodells bei unterschiedlichen Ausgangsknoten aus der Gruppendarstellung bzw. den rekursiven Aufruf der Einzeldarstellung. Die Überlagerung von Teilgraphen für verschiedene Teilsysteme kann auf dem Niveau der Einzeldarstellung gleiche Bilder für unterschiedliche Teilsysteme hervorrufen.

Die einzelnen generierten Bilder dürfen nicht isoliert gesehen werden. Ihre Bedeutung wird, vor allem auf dem Niveau der Einzeldarstellung, erst im Kontext der bis dahin durchlaufenen Bildfolge über Übersichts- und Gruppendarstellungen deutlich. Das erfordert, daß die dynamische Datenbasis (Bewertungen von Ereignissen) während des Ablaufes einer Dialogsitzung nicht verändert wird. Andernfalls könnte die Einzeldarstellung Störungen anzeigen bzw. nicht mehr anzeigen, die im Kontext der letzten Übersichtsdarstellung unverständlich sind, da sie zum Zeitpunkt von deren Generierung noch nicht bzw. noch aufgetreten sind. In der Einzeldarstellung würden für Knoten, die im Modell eines völlig ungestörten Teilsystems enthalten sind, Störungen angezeigt; dies wäre eine solche widersprüchliche Situation.

Die Übertragbarkeit auf andere Anwendungen wird durch eine dynamische Verwaltung des Bildinhaltes gesichert. Bei der Störungsanalyse könnte die Bildkapazität überschritten werden durch

1. zu viele Teilsysteme (Übersichtsdarstellung),
2. zu komplexe Teilsysteme (in Gruppendarstellung),
3. zu viele Ursachen bzw. Folgen (in Einzeldarstellung).

In einem solchen Falle liefert die Aufteilung in eine Folge von Bildern die Lösung. Die Gliederung der Informationsmenge in entsprechende Teile geschieht automatisch [64]. Der Bediener wird auf weitere verfügbare Informationen aufmerksam gemacht, die er sich durch Seitenblättern zugänglich machen kann. Die ihm zur Verfügung stehenden Wahlmöglichkeiten werden in einem Menü angezeigt, das sich zusätzlich auf jedem Bild befindet.

Die Darstellung der Analyseergebnisse erfolgt auf Farbsichtgeräten. Meldungen werden sowohl in alpha-numerischer als auch in graphischer Form (Teilgraphen des Ereignisgraphen) dargestellt. Dadurch können logische Zusammenhänge zwischen einzelnen Störereignissen sichtbar gemacht werden. Die Kommunikation wird durch Farbcodierung unterstützt. Bezüglich der Erläuterung der Mensch-Maschine-Schnittstelle des Systems HIS und damit von SAAP-2 sei auf Abschnitt 4.4. verwiesen.

Das Diagnoseprogramm läuft auf einen Mikrorechner robotron K 1630 unter Steuerung des Echtzeitsteuerprogrammsystems MOOS 1600. Es ist in seinen wesentlichen Teilen in FORTRAN geschrieben. Einige zeitkritische und häufig benutzte Routinen zum Datenzugriff sind auf Assemblerniveau implementiert.

5.2. Weiterentwicklungen

5.2.1. Weiterentwicklung von SAAP-2

Die Weiterentwicklung von SAAP-2 bezweckt ein Expertensystem. Als erster Schritt dazu ist die Einbeziehung von Methoden der Künstlichen Intelligenz in den jetzigen Rahmen anzusehen. Die Aufteilung des Diagnoseprozesses in automatische und interaktive Diagnose wird dafür beibehalten.

Automatische Diagnose

Eine Dreiebenen-Beschreibung der automatischen Diagnose stellt Abbildung 59 dar. Das gleiche Prinzip fand bereits in der medizinischen Praxis Anwendung [63]. Die Autoren stellten den von einem Expertensystem realisierten Diagnoseprozeß als hierarchische Struktur folgender Komponenten vor:

1. Die *Befunde,* d. h. Beobachtungen und Laborwerte eines Patienten, werden assoziativ mit Knoten eines kausalen Netzes möglicher Krankheitszustände verbunden.
2. Die derart aktivierten Knoten sind ein Abbild des Krankheitsprozesses des Patienten und werden zu einem Knotenmuster zusammengefaßt, das klassifikatorisch auf die Menge möglicher *Krankheitskategorien* abgebildet wird.

Dieses Expertensystem wird zur Diagnose und Therapie bestimmter Subtypen von Diabetes angewendet.

Analog werden im folgenden die Begriffe Prozeßwert, Ereignisse und Störungskategorie zur Beschreibung der automatischen Diagnose durch SAAP-2 benutzt.

Die automatische Diagnose vollzieht sich folgendermaßen:

1. kontinuierliche Beobachtung des Prozesses und Interpretation von Prozeßdaten in der bekannten Art und Weise,

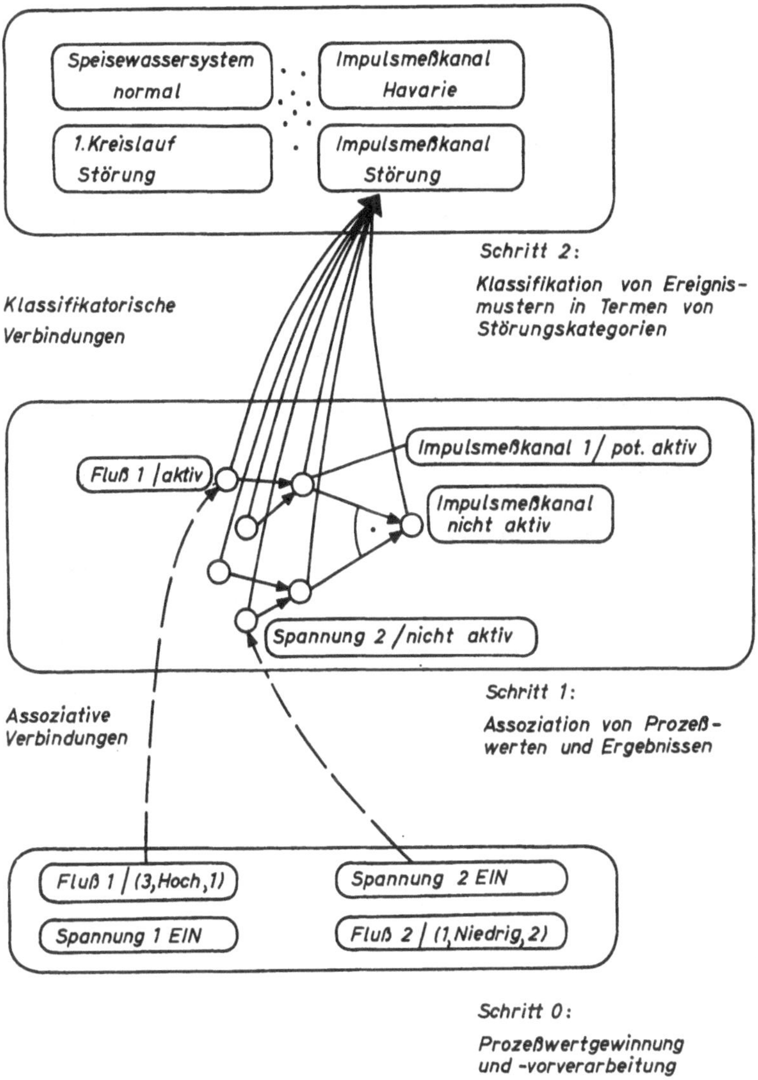

Abb. 59. Dreiebenen-Beschreibung der automatischen Diagnose

2. Vorhersage möglicher Konsequenzen,
3. Reduzierung einer umfangreichen Menge anfallender Daten, um eine leichter zu handhabende Menge allgemeiner Störungskategorien bereitzustellen.

Die automatische Diagnose aktualisiert ein im Speicher befindliches Abbild (Ereignismuster) des realen Prozesses und stellt es zur weiteren Auswertung in der interaktiven Diagnose bereit.

Interaktive Diagnose

Die interaktive Diagnose verläuft in folgenden Schritten:

1. Identifikation des Prozeßzustandes im Sinne von Störungskategorien,
2. Bestimmung von Ursachen einer Störung durch Generierung des Fehlerbaumes, d. h. Rückwärtsdeduktion,
3. Simulation der Auswirkungen von in Erwägung gezogenen Maßnahmen im Kontext des aktuellen Prozeßzustandes.

Klassifikation von Ereignismustern in Termen von Störungskategorien

Diese Ebene repräsentiert ein wesentliches Merkmal des menschlichen Diagnoseprozesses, nämlich die Betrachtung einer begrenzten Anzahl möglicher (prototypischer) Störsituationen. Mit Hilfe der Musterklassifikation wird eine Menge von Hypothesen (gestörte Teilsysteme) aufgestellt, die mit Hilfe der interaktiven Diagnose näher untersucht werden können. Jedes Teilsystem kann in Abhängigkeit von den Bewertungen der in diesem Teilsystem auftretenden Ereignisse normal, gestört oder ausgefallen sein. In realen Systemen sind dessen Teile stark vermascht. Demzufolge sind die zugeordneten Ereignismengen teilweise redundant.

Auf diese Weise wird eine qualitative Alarmbehandlung durchgeführt. Gegenwärtig bekannte Prozeduren lösen dieses Problem durch numerische Berechnungen. Dieses Verfahren hat allerdings folgende Nachteile:

1. Die Zustandsabhängigkeit von Alarmprioritäten wird in ungenügendem Maße berücksichtigt.
2. Eine beträchtliche Menge an Alarmen wird vollständig ausgeschlossen.
3. Die numerische Risikoabschätzung ist eine äußerst schwierige Aufgabe, die selbst bei großzügig bemessener Rechenzeit häufig zu inadäquaten Ergebnissen führt.

Das alternative Konzept, Alarmmuster zu klassifizieren, bietet die Möglichkeit

1. die Quantität automatisch auszugebender Meldungen erheblich zu reduzieren;
2. auf besonders wichtige Informationen hinzuweisen;
3. weitere Schritte in der interaktiven Diagnose zu ermöglichen, die eine Klärung offener Probleme herbeiführen.

Typische Störungskategorien sind Ausfall Speisewassersystem sowie Gefahr Hilfskühlsystem (Stufe A).

Die Resultate der interaktiven Diagnose werden für den Operateur sichtbar gemacht. Dabei wird eine top-down-Strategie verfolgt, die die Diagnose, von allgemeinen Kategorien ausgehend, bis zur Ebene von Detailinformationen über einzelne Ereignisse ermöglicht.

Dadurch wird ein zur Diagnose durch den Menschen komplementäres Prinzip realisiert. Die bottom-up arbeitende Komponente (automatische Diagnose) hat das Primat gegenüber dem top-down-Verfahren (interaktive Diagnose). Der Diagnoseprozeß des Menschen verläuft genau in umgekehrter Richtung. Er wird durch das komplementäre Prinzip der rechnergestützten Störungsanalyse auf günstige Weise unterstützt. Wichtige Merkmale dieses Verfahrens sind folgende:

1. Die automatische Diagnose ist datengesteuert, wodurch sowohl die vorhersagende Arbeitsweise als auch schnelle Reaktionen auf plötzliche Veränderungen im Basisprozeß, auf Ereignisse, erleichtert werden.
2. Die Alarmbehandlung erfolgt qualitativ. Es geht keine Information verloren. Alle besonders wichtigen Informationen werden automatisch bereitgestellt. Weitere Details können interaktiv abgefragt werden.
3. Die gesamte Informationsmenge ist hierarchisch geordnet, wodurch der Nutzer auf natürliche Weise top-down, ausgehend von allgemeinen, einen Überblick gebenden Informationen, zu speziellen Details geführt wird.
4. Die Informationsausgabe erfolgt über Farbbildschirme. Bei der Organisation, Darstellung und Kodierung der Informationen finden ergonomische Gesichtspunkte Beachtung.

5.2.2. Das EPRI-Expertensystem

Dieses System wird gegenwärtig von Combustion Engineering Inc. entwickelt. Seine Aufgaben sind [34]:

1. Überwachung des Status der kritischen Funktionen,
2. Identifizierung von Störungen,
3. Bestimmung anwendbarer Therapiesteuerungen,
4. Auswahl der optimalen Therapiestrategie.

Die Anwendung des Critical Function Expert System (CFES) ist gegenwärtig noch auf das Schutzsystem beschränkt. Die im Hinblick auf ein zu erreichendes Ziel optimale Therapiestrategie wird bestimmt, aber ihre Realisierung bleibt noch dem Reaktorpersonal vorbehalten. Mögliche Therapiestrategien werden den bedrohten kritischen Funktionen assoziativ zugeordnet. Für jede einzelne Therapiestrategie sind die Bedingungen bekannt, unter denen sie anwendbar ist. Die Menge potentiell nützlicher Therapiesteuerungen zur Gewährleistung einer kritischen Funktion definiert einen Baum, der als *Response Tree* bezeichnet wird. Die einzelnen Pfade sind nach Prioritäten geordnet. Die Untersuchung eines Pfades beinhaltet, die Auswirkungen der entsprechenden Maßnahmen zu simulieren und mit den diesem Pfad fest zugeordneten Erfolgskriterien (Zielen) zu vergleichen. Wenn ein Pfad höherer Priorität noch nicht anwendbar ist, wird versucht, mit Hilfe von Pfaden niederer Priorität diese Anwendbarkeit herzustellen. Es handelt sich um einen Problemlösungsvorgang, wobei die Pfade im Response Tree als Makrooperatoren aufzufassen sind und von einem vorgegebenen Ziel rückwärts gesucht wird, durch welche Folge von Makrooperatoren dieses Ziel erreicht werden kann.

Mit dem CFES ist nicht beabsichtigt, den Operateur zu ersetzen, sondern vielmehr einen „intelligenten Partner" zur Verfügung zu stellen. Damit wird der allgemeinen Strategie entsprochen, daß der Mensch weiterhin eine wichtige Rolle bei der Überwachung und Steuerung komplexer technologischer Anlagen übernehmen wird. Die von den Operateuren auszuführende Diagnose wird mit dem CFES unterstützt. Ein permanent verfügbares *Übersichtsbild (Ebene 0)* identifiziert den globalen Prozeßzustand. Für weitere drei Ebenen existiert je ein separates Display:

Ebene 1: detaillierter Status der kritischen Funktionen (z. B. Werte von kritischen Parametern),

Ebene 2: Bestimmung anwendbarer Therapiestrategien zur Erfüllung einer kritischen Funktion,

Ebene 3: Auswahl einer optimalen Therapiestrategie.

Die auf diesen Bildschirmen anzuzeigenden Bilder definieren in logischer Hinsicht einen Baum.

Die Wissensbasis des Systems wird funktionell in Gruppen von Produktionsregeln gegliedert:

1. Zuordnung optimaler Therapiestrategien (rule based) zu den Mustern von Störereignissen,
2. Schlußfolgerungen auf den Status der kritischen Funktionen,
3. Bestimmung der Anwendbarkeit vorgegebener Therapiestrategien,
4. Auswahl einer optimalen Strategie.

Die Auswahl einer alternativen Therapiestrategie, wenn sich die als optimal bekannte als nicht anwendbar erweist, ist hierbei die anspruchsvollste Teilaufgabe. Besondere Schwierigkeiten ergeben sich daraus, daß sich der Prozeßzustand dynamisch verändert. Eine statisch vorgenommene Bestimmung einer Therapiestrategie ist nicht adäquat.

Das CFES stellt die am weitesten fortgeschrittene Anwendung von Methoden der KI auf dem Gebiet der on-line-Prozeßüberwachung in komplexen technologischen Anlagen dar. Dieses Projekt wird teilweise vom Electric Power Research Institute und vom U. S. Department of Energy getragen. Die hohe Priorität dieses Verfahrens wird weiterhin verdeutlicht, wenn in Betracht gezogen wird, daß zur Ausgabe von Ergebnissen dem CFES allein vier Farbdisplays fest zugeordnet und diese zentral im Steuerraum aufgestellt sind.

6. Ausblick

6.1. Vorbemerkungen

Moderne Systeme der PÜ und PS werden im wesentlichen digital realisiert. Deren verbreiteter industrieller Einsatz ist jedoch weitgehend davon abhängig, daß digitale Automatisierungssysteme zunehmend zuverlässiger und leistungsfähiger gestaltet werden.

Wesentliche Zuverlässigkeitsanforderungen sind

1. die Fähigkeit des Automatisierungssystems zur Selbstüberwachung bzw. Selbstdiagnose,
2. die Fähigkeit zur Überwachung bzw. Diagnose der technologischen Anlage und die damit verbundenen Möglichkeiten zur Abwendung und Korrektur von Störungen bzw. Schäden.

Das setzt voraus, daß ständig umfangreiche Informationen aus dem Prozeß und seiner Umgebung verarbeitet werden können, d. h. also eine hohe Leistungsfähigkeit des IS.

Um die Verarbeitung großer Informationsmengen zu ermöglichen, muß die Entscheidungsfähigkeit, der Intelligenzanteil eines Automatisierungssystems bzw. Informationellen Systems, erhöht werden. Daher müssen zunehmend intelligente Prozeßüberwachungs- und Prozeßsicherungsalgorithmen sowie die zugeordneten Systeme einbezogen werden. Es ist abzusehen, daß die Methoden zur Künstlichen Intelligenz dafür weiter erschlossen werden. Das wird in enger Wechselwirkung der Entwicklungen von Hardware und Software geschehen. Diese Entwicklungen haben zwei wesentlichen Forderungen zu genügen: Intelligente Informationelle Systeme zur Überwachung und Steuerung komplizierter technologischer Anlagen müssen in Echtzeit arbeiten, d. h. auf leistungsfähigen Rechnern implementiert und durch leistungsfähige Mensch-Maschine-Kommunikationssysteme gestützt werden. Die zukünftigen Informationellen Systeme müssen wirtschaftlich, d. h. billig in der Anschaffung, im Betrieb und in der Instandhaltung sein.

Die Entwicklungen zur Prozeßüberwachung und Prozeßsicherung haben die Hardware, die Software und die Mensch-Maschine-Kommunikation gleichermaßen zu berücksichtigen.

6.2. Trends in Hardware und Software

Die Hardware – gegenwärtig und auch in Zukunft auf Halbleiterbauelementen basierend – wird ständig technischen und technologischen Veränderungen unterworfen sein. Es ist zu erwarten, daß die Hardware zunehmend billiger wird.

Der wesentliche Kostenanteil betrifft die Entwicklung der Software. Für die Software-Technologie werden Hilfsmittel entstehen und verfeinert werden. Damit verringern sich die Herstellungskosten ebenfalls erheblich.

Mikrorechner werden für den spezifischen Einsatz in großer Stückzahl hergestellt. Sie enthalten eine größere Anzahl von Funktionen auf einem Chip, nämlich Speicher, Eingabe–Ausgabe, Analog-Digital-Wandlung, Bus-Kopplung, einfache Diagnosefunktionen, Spezialprozessoren, diese z. B. für die akustische Rauschanalyse, die Bildverarbeitung, für schnelle Signalverarbeitung usw. Die Software wird in Form einfacher Echtzeitoperationssysteme und als Ein-Chip-Firmware angeboten. Die Entwicklung und Weiterentwicklung standardisierter Kommunikationssysteme für den Aufbau angepaßter zuverlässiger Mikrorechnernetze, z. B. für Multiprozessorsysteme zur Störungsanalyse in komplexen Anlagen und für Schutzsysteme im Kernreaktor ist im Fluß. Gegenwärtig werden Ein-Chip-Mikrorechner überwiegend maschinenorientiert programmiert. Die höheren Programmsprachen werden jedoch zunehmend häufiger benutzt. Der Programmierer ist bestrebt, von der sich rasch ändernden Hardware weitgehend unabhängig zu werden.

Die Hochleistungsmikrorechner entsprechen in den Leistungsmerkmalen den gegenwärtig verfügbaren Großrechnern. Sie erlauben bereits die Lösung anspruchsvoller Echtzeitaufgaben, z. B. die Analyse ortsabhängiger Prozesse im Kernreaktor. Die Leistungsmerkmale dieser Generation von Mikrorechnern sind gegeben durch verbesserte Halbleitertechnologie, größere Wortlängen, Realisierung von Softwaremoduln durch Hardware, Mikroprogramme, Multiprozessorkonzeptionen und Co-prozessoren, Befehle in höheren Sprachen und in Ein-Chip-Software bzw. Firmware sowie Einbau von Diagnosefunktionen in Ein-Chip-Prozessoren.

Das Multiprozessorkonzept verknüpft gleichartige Prozessoren und gewährleistet dynamische Reserven, es realisiert zuverlässige Netze durch Hard- und Software-Redundanz, mittels fehlertoleranter Prinzipien sowie Einbau von Systemen zur Eigenüberwachung und Fehlerdiagnose.

6.3. Mensch-Maschine-Kommunikation

Das Mensch-Maschine-Kommunikationssystem Steuerraum-Warte ist ein wesentliches Teilsystem der Prozeßüberwachung und Prozeßsicherung. Es schließt meist die Schnittstelle zur Überwachung des Automatisierungssystems ein.

Zur Mensch-Maschine-Kommunikation werden in [95] folgende Trends angegeben:

1. bildschirmgestützte Überwachung und Bedienung, d. h. Visualisierung des Prozeßgeschehens; hierarchische Organisation und Anwahl der Information ohne Adreßbuch und Kodewärter; Unterstützung des Mustererkennungsprozesses des Operateurs durch Zusammenfassen von Detailinformation in Form und Farbe;

2. zunehmende Zentralisierung von Überwachung und Bedienung, bei Bedarf Bedieneinrichtungen;
3. Einbeziehung von Prozeßmodellen zur Störungsanalyse und nicht nur post-mortem-Analysen;
4. Berücksichtigung anthropotechnischer und ergonomischer Erkenntnisse, so daß physische und psychische Schäden durch die ungenügend angepaßte „Umwelt" vermieden werden;
5. es wird nicht erwartet, daß die parallel angeordneten Einzelgeräte und konventionellen Fließbilder entfallen; sie werden eine sinnvolle Ergänzung der interaktiven Sichtgeräte bleiben. Diese Kombination wird insbesondere für Kernkraftwerke vorteilhaft sein.

Wesentlicher Inhalt einer Bedienungsmethodik der Prozeßüberwachung sollte sein, die Entscheidungsfähigkeit des Anlagenfahrers zur Behebung anomaler Betriebszustände zu begünstigen. Das erfordert, daß die Klassifikation, Bewertung und Selektion von Informationen vorab vorgenommen und dem Anlagenfahrer nur das Ergebnis der jeweiligen Störsituation mitgeteilt wird.

Die Lösung dieser Aufgabe ist u. a. an die Erfüllung informationstechnischer und ergonomischer Erfordernisse gebunden. Der Trend wird vermutlich dahin gehen, eine dem Menschen angepaßte Technik einzusetzen. Jedoch sind weitere Untersuchungen erforderlich, um u. a. jene Kenntnisse anzureichern, welche die Bewertung von Informationen ermöglichen.

Als Wege zur Entlastung des Operateurs sind denkbar:

1. Verarbeitung von Informationen und Mitteilungen des unbedingt Notwendigen. Hierzu existieren bereits einige Erfahrungen; aber es ist problematisch, gerade jene in einer gegebenen Situation notwendige und ausreichende Menge an Informationen bereitzustellen. Das Problem ist nur dadurch lösbar, daß Elemente der maschinellen Künstlichen Intelligenz einbezogen werden.
2. Reduktion des Informationsangebots durch Abzweigen der für die Anlagenführung notwendigen von der für weitergehende Maßnahmen erforderlichen Datenmenge (Wartung, Reparatur, Bilanzierungen, Planung, physikalische Untersuchungen). Dazu wird in [68] vorgeschlagen, neben der Warte, ein sogenanntes Management- und Ergebniszentrum für Physiker, Instandhaltungs- und Planungsingenieure einzurichten. Dieses ist mit entsprechenden Ausrüstungen zu versehen, z. B. mit Displays und Hardcopygeräten, die einen vollständigen Zugriff zu allen Betriebsdaten ermöglichen, ohne den Wartenbereich zu stören. Ein solches Konzept erfordert eine Datenbasis für die gesamte technologische Anlage. Inwieweit sich die natürlichsprachliche Kommunikation in technologischen Anlagen durchsetzen wird, ist noch offen. Auf alle Fälle wird sich die Kommunikationssprache auf dem Niveau der „Fachsprache" des Bedienpersonals bewegen müssen.

Weitere Probleme der Mensch-Maschine-Kommunikation betreffen die Modellierung, Interpretation und Bewertung des menschlichen Verhaltens. Untersuchungen dazu sind auf Grund zunehmender Anforderungen aus dem Bereich der Hochrisikoprozesse nötig. Sie orientieren auch auf die Interpretierbarkeit menschlichen Verhaltens durch den „Partner" Maschine, den Computer, und zwar im Interesse einer sicheren Prozeßführung. Das menschliche Verhalten in vorhersehbaren und nichtvorhersehbaren Störsituationen, seine kognitiven Fähigkeiten zur Lösung von Problemen werden sich in Modelle umsetzen, die Aussagen über das Verhalten von Mensch-Maschine-Systemen in bestimmten Situationen ermöglichen. Die Forschung dazu steht hier noch am Anfang [2, 38].

6.4. Funktionen der Prozeßüberwachung und Prozeßsicherung

Die Einbeziehung intelligenter Algorithmen in Systeme der Prozeßüberwachung und Prozeßsicherung zeichnete sich in Ansätzen bereits beim Einsatz von Prozeßrechnern im Betrieb technologischer Anlagen ab.

Beispielgebend für die Prozeßüberwachung von Kernkraftwerken [96] sind:

1. die Ermittlung der für die Bewertung des Anlagenzustandes charakteristischen Größen, wie der Leistungskoeffizient, der Moderatorkoeffizient, die Reaktivitätsbilanz u. a.,
2. Hinweise auf sich ankündigende Schäden in Anlagenteilen durch Signalanalyse und Bewertung des stochastischen Signalanteils (Schadensfrüherkennung, Rauschanalyse),
3. Störungs- und Alarmanalyse, auf diskreten Modellen (z. B. Ereignisgraphen) beruhend.

Der Routineeinsatz in Überwachungssystemen erfordert jedoch zu sichern, daß die zur Bewertung und Behebung einer Störsituation notwendige Menge an Entscheidungen in einer bestimmten Zeit verfügbar ist. Das sind einander widersprechende Seiten eines Balanceproblems, nämlich des Problems, daß eine große Entscheidungsfähigkeit eine lange Reaktionsdauer und eine kurze Reaktionsdauer eine geringe Entscheidungsfähigkeit bedingen. Die weitere Erhöhung der Entscheidungsfähigkeit bzw. der Leistungsfähigkeit von Systemen der Prozeßüberwachung und -sicherung ist bereits avisiert [90].

Dabei spielt die Verbesserung der Art und Weise der Modellierung der technischen Anlage eine außerordentlich bedeutsame Rolle. Bei Orientierung auf die Methode der Ereignisgraphen sind u. a. folgende Schritte zur Qualifizierung der Anpassung des Störungsmodells an die technischen und technologischen Gegebenheiten sinnvoll:

1. **Veränderliche Ereignisgraphen**: Meist bleibt der Ereignisgraph nicht unveränderlich. Zum Beispiel werden Meßstellen oder Teilsysteme eingefügt oder abgebaut. Dann muß aber der Zugriff zur rechnergestützten Manipulation der Datenstruktur *Graph* möglich sein.

2. **Erkennen technologischer Zusammenhänge:** Oft auftretende Ereignismuster werden erkannt, bisher nicht bekannte technologische Zusammenhänge konstruiert und im Graphen abgebildet. Das erfordert Methoden der heuristischen Suche, der Darstellung und Reproduktion von Wissen oder des Lernens.
3. **Differenzierte Verarbeitung von Ereignismustern:** Das entspricht einer Rationalisierung der Graphenanalyse; sie ist möglich, wenn die direkte Zuordnung von Störung, Diagnose und Therapiemaßnahme gegeben ist.
4. **Berücksichtigung der Selbstüberwachung:** Eine zuverlässige Diagnose der technologischen Anlage bedingt u. a. die Zuverlässigkeit des IS. Eine Möglichkeit zur Gewährleistung der Zuverlässigkeit des IS ist die Selbstdiagnose. Das in [91] behandelte System signalisiert z. B. – durch Dialog gestützt – defekte Meßstellen. Diese und andere Störereignisse des IS müssen im Störungsmodell berücksichtigt werden.

Inzwischen werden weitere interessante Ansätze zur Lösung des in Abschnitt 2.3. dargelegten Abbildungsproblems sichtbar. Diese sind mit den Begriffen „Qualitatives Beurteilen" oder „Qualitative Physik" verbunden. So werden im Rahmen der Künstlichen Intelligenz anstelle der regelorientierten Modellierung nunmehr Diagnoseprogramme unter Verwendung von halbquantitativen oder qualitativen Beschreibungen, z. B. mit Hilfe von Black-Box-Modellen, Zustandsmodellen oder entsprechenden Entwurfsbeschreibungen, erarbeitet. Sie werden weitestgehend problemabhängig u. a. auf der Basis der Sprache LISP oder von LISP-Dialekten notiert. Ihr Anwendungsbereich erstreckt sich vom VLSI-Schaltkreis bis hin zum Verkehrsflugzeug oder zum Kernkraftwerk [100].

7. Anhang

Strukturierung der Basisrelation

Im allgemeinen ist die Transformation T(oz) als eine Struktur von Elementartransformationen aufzufassen. Damit ist eine Strukturierung der Basisrelation verbunden. Nach MESAROVIC [10] ist es zweckmäßig, folgende Typen von Strukturierungen zu unterscheiden (s. Abb. 15):

1. **Schichtung**
   Schicht – Niveau der Entscheidungskomplexität
   Beispiel: Intelligente Überwachung – einfache Überwachung – Meßwerterfassung,
2. **Staffelung**
   Staffel – Niveau der Entscheidungspriorität
   Beispiel: Therapiesteuerung. Anlage – Teilanlage – Aggregat,
3. **Stratifikation**
   Stratum – Darstellungs- oder Abstraktionsniveau
   Beispiel: Anlage – Teilanlagen – Aggregate.

Im allgemeinen sind diese Strukturierungen gleichermaßen bedeutsam. Sie haben folgende Gemeinsamkeiten:

1. vertikale Unterordnung der Prozesse eines unteren Niveaus unter die eines oberen,
2. Interventionsrecht der Prozesse eines oberen Niveaus in die eines unteren (Priorität),
3. gegenseitige Erfolgsabhängigkeit der Prozesse verschiedener Niveaus, wie auch des Gesamtprozesses von den Unterprozessen. Mit steigendem Niveau werden die Vorgänge langsamer, die Strukturierung nimmt von oben nach unten zu.

Für die Strukturierungen sind Kommunikationsprinzipien zu beachten:

Schichtung: Die Kommunikation entspricht dem Austausch von Informationen zur Organisation von Teilprozessen unterschiedlicher Entscheidungskomplexität. Zum Beispiel integriert die intelligente Überwachung Teilprozesse vom Charakter der einfachen Überwachung, die Aussagen der intelligenten Überwachung werden von denen der einfachen beeinflußt und umgekehrt.

Stratifikation: Mit zunehmender Detaillierung wird eine *Synchronisation,* d. h. eine gegenseitige zeitliche Anpassung der Teilprozesse bzw. Operationen erforderlich. Zur Notation werden der Zustandsgraph, Ereignisgraph oder der Informationsflußgraph nach Petri (Petrinetz) genutzt.

Äußerst wesentlich für die verteilte Steuerung großer strukturierter Basisprozesse ist die *Staffelung.* Das zugehörige Kommunikationsprinzip ist die *Koordination.*

Koordination heißt: Die Steuerungsaufgaben der Teilprozesse (aS_i, i = 1, n) müssen so koordiniert sein, daß eine Gesamtaufgabe (aG) erfüllt wird. Das erfordert eine Strategie, die die Lösung einer der Koordinationsaufgaben (aK) einschließt.

Die Koordination umfaßt drei Aufgaben:

1. Auswahl eines Koordinationsprinzips,
2. Modifikation der Strategie, falls erforderlich,
3. Steuerung, d. h. Auswahl geeigneter Koordinationssignale.

Erläuterung:

1. Das Prädikat P(l, a) ist wahr, wenn $l \in L$ eine Lösung der Aufgabe $a \in A$ ist.
2. Es seien gegeben $aG \in AG$ – eine Gesamtaufgabe (-ziel),
   $aK \in AK$ – eine Koordinationsaufgabe (-ziel),
   $aS_i \in AS_i$ – eine Teilaufgabe i; (i = 1; n);
   es existieren Lösungen: $l_g \in LG$ – Lösung der Gesamtaufgabe,
   $l_s \in LS$ – Lösung einer Teilaufgabe,
   $l_k \in LK$ – Lösung einer Koordinationsaufgabe.

Damit läßt sich formulieren: Die Steuerungsaufgaben aS_i (i = 1, . . ., n) sind koordinierbar bezüglich der übergeordneten Koordinationsaufgabe aK, wenn Lösungen l_k und l_s existieren:

$$\exists\,(l_s, l_k)\,[P(l_s, aS) \wedge P(l_k, aK)].$$

Das *Zusammenpassen* von Koordination und Steuerung wird ausgedrückt durch

$$P(l_k, aK) \longleftrightarrow \exists\,(l_s)\,[P^*(l_k, l_s)];$$

damit wird die Bedingung zur *Koordinierbarkeit*

$$\exists\,(l_k, l_s)\,[P(l_s, aS) \wedge P^*(l_k, l_s)].$$

Für die Verträglichkeit der in der Hierarchie zu lösenden Aufgaben muß die Koordination der aS_i bezüglich der aK mit der Lösung der aG verbunden sein.

Diese Verträglichkeit drückt das *Konsistenzpostulat* aus:

$$\forall\,(l_k, l_s)\,[P(l_s, aS) \wedge P^*(l_k, l_s)]$$
$$\rightarrow [P(l_s, aS) \wedge P(l_g, aG)],$$

d. h., die lokalen Steuerungen aS_i sind koordinierbar bezüglich einer globalen Aufgabe aG, wenn die Koordination die aS_i so beeinflussen kann, daß die Einwirkung auf den Basisprozeß einer Lösung von aG entspricht.

Koordinationsprinzipien

1. *Prognoseprinzip:* Die Koordinationssignale y_k werden vorhergesagt; der Erfolg der Koordination hängt von der Genauigkeit der Prognose bzw. vom Einfluß der Prognosefehler ab.
2. *Entflechtungsprinzip:* Die Koordinationssignale sind frei wählbar; es wird angenommen, daß die Teilprozesse vollständig entflochten sind; das Koordinationssignal ist Teil der Steuerungslösung l_s; der Erfolg der Koordination hängt von der Abweichung des Koordinationssignals von einem für die Lösung der Steuerungsaufgabe gewünschten Wert ab.

8. Abkürzungsverzeichnis

ACR	–	Advanced Control Room
an	–	analog
ALS	–	algorithmisches System
AS	–	Automatisierungssystem
AT	–	Allgemeine Transformation
bin	–	binär
BS	–	Basissystem
CAAS	–	Computerized Alarm Analysis System
CEGB	–	Central Electricity Generating Board
CFES	–	Critical Function Expert System
COSS	–	Computerized Operator Support System
DASS	–	Disturbance Analysis and Surveillance System
EPRI	–	Electric Power Research Institut
GPS	–	General Problem Solver
GRS	–	Gesellschaft für Reaktorsicherheit
HIS	–	Hierarchisches Informationelles System
IS	–	Informationelles System
KFKI	–	Központi Fizikai Kutató Intézet (Zentralinstitut für Physik der Ungarischen Akademie der Wissenschaften)
KI	–	Künstliche Intelligenz
KKW	–	Kernkraftwerk
OZ	–	Operationsziel
PS	–	Prozeßsicherung
PÜ	–	Prozeßüberwachung
RFR	–	Rossendorfer Forschungsreaktor
SA	–	Störungsanalyse
SAAP	–	Störungsanalyse-Applikationsprogramm
ST	–	Steuerung
STAR	–	Störungsanalyserechner
TM	–	Manipulationsdauer
TMI	–	Three Mile Island
TR	–	Dauer des informationellen Prozesses
VLSI	–	Very Large Scale Integrated
WS	–	wissensbezogenes System
z_A	–	Gestörter Zustand
z_N	–	Normalzustand
ZD	–	Zustandsraum
ZfK	–	Zentralinstitut für Kernforschung

9. Abbildungsverzeichnis

10. Tabellenverzeichnis

11. Literatur

[1] Baldeweg, F., Balzer, D., Brack, G., Automatische Prozeßsicherung in Produktionssystemen, Reihe Automatisierungstechnik, Bd. 204, VEB Verlag Technik, Berlin 1983

[2] Sheridan, Th. B., Measuring, Modeling and Augmenting Reliability of Man-Machine Systems, Preprints of the IFAC/IFIP/IFORS/IEA Conference on Analysis, Design and Evaluation of Man-Machine Systems, Baden-Baden, 27.–29. September 1982, p. 375–384

[3] Meijer, C. H., Gill, W. J., Operational Aids to improve the Man-Machine-interaction in a Nuclear Power Plant, CE Power Systems, TIS 6649

[4] Patterson, D., Application of a Computerized Alarm Analysis System to a Nuclear Power Station, Proceedings British IEE, **115** (1968)

[5] Bastl, W., Heinbuch, R., Kraft, M., STAR Disturbance Analysis System, Results from the Grafenrheinfeld PWR Application, International Symposium on Nuclear Power Plant Control and Instrumentation, München, 11.–15. Oktober 1982

[6] Frogner, B., Meijer, C. H., A Disturbance Analysis System for On-line Power Plant Diagnosis, Final Report EPRI Project RP 819-2

[7] Bürger, L., Szegi, Zs., PANDA – Program System for Post Mortem Disturbance Analysis, IAEA Specialists' Meeting on Systems and Methods for Aiding Nuclear Power Plant Operators During Normal and Abnormal Conditions, Balatonaliga, VR Ungarn, 4.–6. Oktober 1983, p. 163–171

[8] Yoshitoshi, H. et al., Development of Computerized Operator Support System, in: ibid [5]

[9] Brack, G., Baldeweg, F., Zu Fragen des Entwurfs von Systemen der Prozeßsicherung und Prozeßüberwachung, msr **23** (1980) S. 19–25

[10] Mesarovic, M. D., Macko, D., Takahara, Y., Theory of Hierarchical Multilevel Systems, Academic Press, New York, London 1970

[11] Fischer, G., Symbiotic, Knowledge-Based Computer Support Systems, in: ibid [2], p. 351–358

[12] Liewers, P., Rauschdiagnostik, Beiträge zur Forschungstechnologie, Band 10, Akademie-Verlag, Berlin 1985

[13] Tatebayashi, K. et al., Repair Diagnosis, Proceedings of the 9th IMECO World Conference, Berlin-West 1982, p. 206–216

[14] Hlavicka, I., Diagnostics of Microprocessor-controlled Measurement Systems, in: ibid [13], p. 175–184

[15] Baldeweg, F., Jungclaussen, H., Stahn, H., Grundlagen der Kybernetik I, II, ZfK – **288** und **308**, 1975/76

[16] Baldeweg, F., Grundlagen der Kybernetik IV, Prozeßanalyse und optimale Steuerung, ZfK – **339**, 1977

[17] Schadach, D. J., Biomathematik II, Wissenschaftliche Taschenbücher Band 37, Akademie-Verlag, Berlin; Pergamon Press, Oxford; Vieweg & Sohn, Braunschweig 1971

[18] Stahn, H., Stand und Entwicklung automatisierter Systeme technologischer Prozesse, Die Technik **30** (1975)

[19] Steinhagen, H. E., Tucher, S., Objekterkennung, VEB Verlag Technik, Berlin 1976

[20] Peipmann, R., Grundlagen der technischen Erkennung, VEB Verlag Technik, Berlin 1975

[21] Busch, H.-J., Engelien, M., Stahn, H., Algorithmisches System Entscheidungstabellentechnik, Akademie-Verlag, Berlin 1981

[22] Woschni, E.-G., Krauss, M., Informationstechnik, VEB Verlag Technik, Berlin 1976

[23] Edelmann, M. et al., Die Analyse des Reaktorrauschens – Hintergründe, Methoden und Zielsetzung, KFK – Nachrichten **2/3** (1976), S. 34–41

[24] Baldeweg, F. et al., On-line Prozeßanalyse zur Ermittlung von Systemparametern des Rossendorfer Forschungsreaktors WWR-SM, ZfK – **386**, 1979

[25] Baldeweg, F., Gaßmann, F. H., Formale Beschreibung von Diagnose und Therapiesteuerung in einem gestörten diskontinuierlichen-diskreten Basissystem, msr **23** (1980) S. 575–579

[26] Baldeweg, F., Gaßmann, F. H., Störablaufanalyse und Schadensfrüherkennung für ein stetig-kontinuierliches Basissystem, Zeitschrift des WBZ der TU Dresden für Mathematische Kybernetik und Rechentechnik/Informationsverarbeitung **32** (1978) S. 173–178

[27] Cain, D. G., Advanced Process Management Aids for Nuclear Power Plant Operation, EPRI-Report, 1984

[28] Stefik, M. et al., The Organization of Expert-Systems: A Tutorial, Artificial Intelligence, **18** (1982) p. 135–175

[29] Buchanan, B. G., Feigenbaum, E. R., Dendral and Meta-Dendral: Their Applications Dimension, Artificial Intelligence **11** (1978) p. 5–24

[30] Shortliffe, E. H., Computer-Based Medical Consultations: MYCIN, American Elsevier, New York 1976

[31] Stallman, R. M., Sussmann, G. J., Forward Reasoning and Dependency-

directed Backtracking in a System for Computer-aided Circuit Analysis, Artificial Intelligence 9 (1977) p. 135–196

[32] Stefik, M. J., Planning with Contstraints, Artificial Intelligence 36 (1981) p. 111–140

[33] Bergmann, S., Development of a Reactor Noise Monitor based on Artificial Intelligence and Recursive Parameter Estimation, Dept. of Automatic Control, Lund Institute of Technology, Schweden, 1982

[34] Meijer, C. H., A Critical Function Expert System for Nuclear Power Plants, In Cain, D. G., Sun, B. (Eds.): Proc. Workshop on Artificial Intelligence Application to Nuclear Power Technology, EPRI Palo Alto, 8.–9. Mai 1984

[35] Cain, D. G., Expert System for BWR Shutdown analysis, in: ibid [34]

[36] Chandrasekaran, B., Issues in Reasoning About Complex Engineering Systems, in: ibid [34]

[37] Nilson, N. J., Principles in Artificial Intelligence, Springer-Verlag, Berlin–Heidelberg–New York 1982

[38] Rouse, W. B., Models of Human Problemsolving, Detection, Diagnosis and Compensation for System Failures, in: ibid [2], p. 195–212

[39] Zänker, F., Helbig, H., Künstliche Intelligenz – ein (nicht mehr) neuer Zweig der Computerwissenschaft, INFO 84, Dresden 1984, S. 55–60

[40] Nilson, N. J., Problem-solving Methods in Artificial Intelligence, McGraw-Hill, New York 1971

[41] Meissner, J. O., Heuristic Concepts and Principles in Large State-space Problem-solving, Technische Universität, Berlin-West 1978

[42] Simon, H. A., The Sciences of the Artificial, The MIT Press, Cambridge 1969

[43] McDermott, J., Forgy, C., Production System Strategies, in: ibid [44], p. 176–200

[44] Waterman, D., Hayes-Roth, F., (Eds.), Pattern-Directed Inference Systems, Academic Press, New York 1978

[45] Stoyan, H., LISP-Programmierhandbuch, Akademie-Verlag, Berlin 1978

[46] Findler, N. V. (Ed.), Associative Networks – The Repressentation and Use of Knowledge in Computers, Academic Press, New York 1979

[47] Geske, U., PROLOG B, ZKI-Informationen 3, AdW der DDR, 1983, S. 61–66

[48] Minsky, M., A Framework for Representing Knowledge, in: Winston, P. H. (Ed.), The Psychology of Computer Vision, McGraw-Hill, New York 1975

[49] Winograd, T., Frame Representations and the Declarative/Procedural Controversy, in: Bobrow, I. G., Collins, A., (Eds.), Representation and Understanding, Academic Press, New York 1975

[50] Rodgers, R. P., Goldstein, I. A., The FRL-Primer, Memo 408, MIT Artificial Intelligence Laboratory 1977

[51] McDermott, J., Newell, A., Moore, J., The Efficiency of Certain Production System Implementations, in: ibid [44], p. 155–176

[52] Forgy, C. L., Rete: A fast Algorithm for the Many Pattern/Many Object Pattern Match Problem, Artificial Intelligence **19** (1982) p. 17–37

[53] Kolodner, J., Organization and Retrieval in a Conceptual Memory for Events, IJCAI-VII, Vancouver 1981, p. 227–233

[54] Böttger, H., Expertensysteme – Zielstellung, Prinzipien, Tendenzen, INFO 84, Dresden 1984, S. 91–97

[55] Stefik, M. J., Inferring DNA-Structures from Segmentation Data, Artificial Intelligence **11** (1978) p. 85–114

[56] Aikins, J. S., Prototypical Knowledge for Expert Systems, Artificial Intelligence **20** (1983)

[57] Szolovits, P., Pauker, S. G., Categorical and Probabilistic Reasoning, Artificial Intelligence **11** (1978) p. 116–141

[58] Davis, R., Meta-level Knowledge: Overview and Applications, IJCAI-V, 1977, p. 920–927

[59] Clancey, W. J., Letsinger, R., NEOMYCIN: Reconfiguring a Rule-based Expert System for Application to Teaching, IJCAI-VII, Vancouver 1981, p. 829–836

[60] Rasmussen, J., Pederson, O. M., Formalized Search Strategies for Human Risk Contribution: A Framework for Further Development, Risø-M-2351 (1982)

[61] Seeman, S. E., Automated Reasoning Applications at HEDL, in: ibid [34]

[62] Klebau, J., Seidler, S., Backfitting in Rossendorf Research Reactor Control and Instrumentation System, IAEA Specialists' Meeting, Wien, 25.–27. April 1984, p. 209–212

[63] Weiss, S. M. et al., Model-based Medical Consultation, Artificial Intelligence **11** (1978) p. 146–170

[64] Grzelachowski, P., Verfahren zur Kommunikation mit dem Störungsanalysesystem SAAP-2, Ing.-Praktikum, TU Dresden, Sekt. Informationsverarbeitung, 1984

[65] "Report of the President's Commission on the Accident at Three Mile Island", John G. Kemeny (Chairman), Washington D. C., 1979

[66] Melzer, W., Bildschirmarbeitsplätze – Hinweise zur Gestaltung, Beiträge zur Arbeitsumweltgestaltung 02, Ministerrat der DDR, Amt für industrielle Formgestaltung, Dresden 1984

[67] Brödner, P., Human Work Design for Man-Machine Systems – A Challenge to Engineers and Labour Scientists, in: ibid [2], p. 179–185

[68] Jervis, M. W., On-line Computers in Nuclear Power Plants – A Review, in: Advances in Nuclear Science and Technology, Vol. 11, Plenum Press, New York and London 1979, p. 135–231

[69] Long, A. B., Technical Assessment of Disturbance Analysis Systems, Nuclear Safety Journal **21** (1980)

[70] Frogner, B., Meijer, C. H., On-line Power Plant Alarm and Disturbance Analysis System, EPRI Report NP-613

[71] Spurgin, A. J., Cain, D. G., Long, A. B., Decision Making Aid for Operational Crews (Status of the EPRI DASS Project), in: ibid [5]

[72] Meijer, C. H., Frogner, B., Long, A. B., A Disturbance Analysis System for On-line Power Plant Surveillance and Diagnosis, IAEA/NPPCI Specialists' Meeting on Procedures and Systems for Assisting an Operator During Normal and Abnormalous Nuclear Power Plant Operation Situations, München, 5.–7. Dezember 1979, p. 213–231

[73] Bastl, W., Felkel, L., Disturbance Analysis Systems, in: J. Rasmussen, W. B. Rouse (Eds.), Human Detection and Diagnosis of System Failures, Plenum Publ. Corp., (1981) p. 451–473

[74] Felkel, L., Grumbach, R. et al., Analytical Methods and Performance Evaluation of the STAR Application in the Grafenrheinfeld Nuclear Power Plant, in: ibid [72], p. 283–300

[75] Felkel, L., STAR Disturbance Analysis System, Answers to Regulatory Review Questions, Paper submitted to the IEEE Standard Workshop on Human Factors and Nuclear Safety, Myrtle Beach, S. C., USA, 1981

[76] Felkel, L., Manikarnika, R., Zapp, A., STAR – A Computerbased Disturbance Analysis System, GRS-Bericht, Garching 1980

[77] Roggenbauer, H., Methods and Techniques used in Computerized Operator Support Systems for German NPPs, in: ibid [7], p. 247–255

[78] Felkel, L. et al., A System for Disturbance Analysis by Process Computer, GRS KfK-PDV 93, 1977

[79] Büttner, W. E. et al., Functions and Design Characteristics of the STAR Disturbance Analysis System, in: ibid [72], p. 261–283

[80] Felkel, L., Zapp, A., Theoretical Aspects of Disturbance Analysis, in: ibid [72], p. 321–339

[81] Bürger, L., Zobor, E., On-line Alarm Analysis of WWR-SM Research Reactor, International Symposium on Nuclear Power Plant Control and Instrumentation, Cannes 1978 (Frankreich)

[82] Bürger, L. et al., PROCESS-24K an Efficient Process Control System, KFKI-1978-17, Hungarian Academy of Science, Central Research Institut for Physics, Budapest 1978

[83] Bürger, L., Vegh, E., Man-Machine Communication in Experimental Reactor Control Systems, in: ibid [72], p. 247–260

[84] Hollo, E., Operator-interactive Surveillance Method of Periodic Inspection of Active Engineered Safety System of WWER 440 Type Reactors, in: ibid [72], p. 667–685

[85] Taylor, J. R., A Compiler Interpreter for a LISP Dialect, RISO-M-1933, Research Establishment Risϕ, Electronics Department

[86] Taylor, J. R., A Background to Risk Analysis, Vol. 1–3, Risϕ National Laboratory, Electronics Department, 1979

[87] Baldeweg, F., Fiedler, U., Lindner, A., Man-Machine Interface in the Disturbance Analysis System SAAP-2, in: ibid [5], p. 137–142

[88] Lindner, A., Baldeweg, F., Fiedler, U., The Disturbance Analysis System SAAP-2, in: ibid [7], p. 61–69

[89] Baldeweg, F., Enkelmann, W., Klebau, J., Überwachung und Kontrolle des Rossendorfer Forschungsreaktors mit einem mikrorechnerorientierten Automatisierungssystem, Kernenergie **25** (1982) S. 575–579

[90] Baldeweg, F., Fiedler, U., Dialogorientierte Analyse von Ereignisgraphen – ein Verfahren zur Diagnose komplexer technologischer Anlagen, msr **25** (1982) S. 126–128

[91] Baldeweg, F., On-line Alarm Analysis Using Decision Table Technique, in: ibid [72], p. 301–319

[92] Okamoto, M. et al., Human Factors Engineering Evaluation of an Advanced Control Room, in: ibid [7], p. 33–45

[93] Hollo, E., Taylor, J. R., Algorithms and Programs for Consequence Diagrams and Fault Tree Construction, Report Risϕ-M-1907, Risϕ 1976

[94] Oxby, K. et al., A Multilevel Alarm Information Processing System Applied to Thermal Power Plant, in: ibid [2], p. 89–94

[95] Flotho, G., Scharpenberg, H., Moderne Rechnergestützte Warten für kommunale Betriebe, Fachberichte Messen, Steuern, Regeln, Springer Verlag Berlin–Heidelberg–New York 1977, S. 241–252

[96] Baldeweg, F. et al., Der Einsatz eines Prozeßrechnersystems PRS-4000 im KKW Rheinsberg, Kernenergie **21** (1978) S. 100–103

[97] Popper, M., Gyartas, F., CODEX: A Computer Based Diagnostic Expert System, in: Plander, J. (Ed.), Artificial Intelligence and Information Control Systems of Robots, Smolenice 1984, North-Holland, Amsterdam 1984

[98] Manual, T., Land, M. A., Has AI's Time Come at Last? Electronics Week **58** (1985) p. 51–62

[99] Sgurev, V. et al., DIGS: A Domain-independed Expert System for Technical Diagnostics, Proceedings of the International Conference on Artificial Intelligence, Methodology, Systems, Applications, AIMSA 84, Varna 1984

[100] Genesereth, M. R., The use of design descriptions in automated diagnosis, Artificial Intelligence **24** (1984) p. 412

12. Sachregister

13. Zusammenfassung

Rechnergestützte Analyse von Störungen und die Abwendung von Schäden (Diagnose und Therapiesteuerung) in technologischen Anlagen gehören zum Arbeitsgegenstand der Prozeßsicherung.

Die Forschung auf diesem Gebiet wird gegenwärtig sehr intensiv betrieben, sowohl bedingt durch wachsende Anforderungen an Sicherheit und Wirtschaftlichkeit der Prozeßführung als auch durch eine bemerkenswerte Steigerung der Leistungsfähigkeit der Digitalelektronik.

Diese Schrift befaßt sich mit der Analyse von Störungen in komplexen technologischen Anlagen, insbesondere mit solchen, die für sogenannte Hochrisikoprozesse charakteristisch sind. Die Darstellung betont die theoretische Formulierung von Diagnose und Therapiesteuerung, die Modellierung technischer bzw. technologischer Prozesse und methodische und technische Lösungen der Mensch-Maschine-Kommunikation unter Einbeziehung von Mitteln der Künstlichen Intelligenz.

Als Applikation werden Störungsanalysesysteme vorgestellt, so wie sie für den Einsatz in Kernkraftwerken entwickelt werden.

13. Summary

Computer aided analysis of disturbances and the prevention of failures (diagnosis and therapy control) in technological plants belong to the most important tasks of process control.

Research in this field is very intensive due to increasing requirements to security and economy of process control and due to a remarkable increase of the efficiency of digital electronics.

This publication concerns with analysis of disturbances in complex technological plants, especially in so called high risk processes. The presentation emphasizes theoretical concept of diagnosis and therapy control, modelling of the disturbance behaviour of the technological process and the man-machine-communication integrating Artificial Intelligence methods, e. g. expert system approach.

Application is given for Nuclear Power Plants.

13. Резюме

Анализ нарушений нормальной работы и предотвращение повреждений (диагноз и терапия) в технологических установках с использованием ЭВМ являются объектом обеспечения надежного процесса.

В настоящее время проводятся очень интенсивные исследования в этой области, обусловленные как возрастающими требованиями к безопасности и экономике управления процессом, так и заметным повышением возможностей цифровой электроники.

Данная работа занимается анализом нарушений нормальной работы в комплексных технологических установках, особенно в таких, которые характерны для так называемых процессов с высоким риском. В центре внимания стоят теоретическая формулировка диагноза и терапии, моделирование технических или технологических процессов, методические и технические решения коммуникации человека с машиной с учетом средств искусственного интеллекта.

В качестве прикладного примера представляются такие системы анализа нарушения нормальной работы, которые были разработаны для применения на АЭС.

MIX
Papier | Fördert gute Waldnutzung
FSC® C083411

Kolibri 360 GmbH
Ferdinand-Jühlke-Straße 7
99095 Erfurt, Deutschland
produktsicherheit@kolibri360.de